U0342526

普通高等教育"十三五"规划教材

资源循环科学与工程专业系列教材　薛向欣　主编

# 无机非金属资源循环利用

杨 合　程功金　编

北　京

冶金工业出版社

2021

## 内 容 提 要

本教材为资源循环科学与工程专业系列教材之一。内容包括：典型大宗无机非金属二次资源来源，无机非金属资源在水泥工业、建筑材料工业、土壤改良及农业、环保领域、冶金工业、化学工业等方面的应用等。

本教材为资源循环科学与工程、环境科学与工程、资源与环境等专业本科教材和参考书，可作为相关专业研究生参考书，也可供相关行业工程技术人员参考。

**图书在版编目 ( CIP ) 数据**

无机非金属资源循环利用/杨合，程功金编. —北京：冶金工业出版社，2021.1
普通高等教育"十三五"规划教材
ISBN 978-7-5024-8699-0

Ⅰ.①无…　Ⅱ.①杨…　②程…　Ⅲ.①无机非金属材料—资源利用—循环使用—高等学校—教材　Ⅳ.①TB321

中国版本图书馆 CIP 数据核字（2021）第 019278 号

出 版 人　苏长永
地　　址　北京市东城区嵩祝院北巷 39 号　邮编　100009　电话　(010)64027926
网　　址　www.cnmip.com.cn　电子信箱　yjcbs@cnmip.com.cn
责任编辑　刘小峰　曾　媛　美术编辑　郑小利　版式设计　禹　蕊
责任校对　石　静　责任印制　李玉山
ISBN 978-7-5024-8699-0
冶金工业出版社出版发行；各地新华书店经销；三河市双峰印刷装订有限公司印刷
2021 年 1 月第 1 版，2021 年 1 月第 1 次印刷
787mm×1092mm　1/16；9.75 印张；234 千字；141 页
**39.00 元**

**冶金工业出版社　投稿电话　(010)64027932　投稿信箱　tougao@cnmip.com.cn**
**冶金工业出版社营销中心　电话　(010)64044283　传真　(010)64027893**
**冶金工业出版社天猫旗舰店　yjgycbs.tmall.com**
（本书如有印装质量问题，本社营销中心负责退换）

# 序

    人类的生存与发展、社会的演化与进步，均与自然资源消费息息相关。人类通过对自然界的不断索取，获取了创造财富所必需的大量资源，同时也因认识的局限性、资源利用技术选择的时效性，对自然环境造成了无法弥补的影响。由此产生大量的"废弃物"，为人类社会与自然界的和谐共生及可持续发展敲响了警钟。有限的自然资源是被动的，而人类无限的需求却是主动的。二者之间，人类只有一个选择，那就是必须敬畏自然，必须遵从自然规律，必须与自然界和谐共生。因此，只有主动地树立"新的自然资源观"，建立像自然生态一样的"循环经济发展模式"，才有可能破解矛盾。也就是说，必须采用新方法、新技术，改变传统的"资源—产品—废弃物"的线性经济模式，形成"资源—产品—循环—再生资源"的物质闭环增长模式，将人类生存和社会发展中产生的废弃物重新纳入生产、生活的循环利用过程，并转化为有用的物质财富。当然，站在资源高效利用与环境友好的界面上考虑问题，物质再生循环并不是目的，而只是一种减少自然资源消耗、降低环境负荷、提高整体资源利用率的有效工具。只有充分利用此工具，才能维持人类社会的可持续发展。

    "没有绝对的废弃物，只有放错了位置的资源。"此言极富哲理，即若有效利用废弃物，则可将其变为"二次资源"。既然是二次资源，则必然与自然资源（一次资源）自身具有的特点和地域性、资源系统与环境的整体性、系统复杂性和特殊性密切相关，或者说自然资源的特点也决定了废弃物再资源化科学研究与技术开发的区域性、综合性和多样性。自然资源和废弃物间有严格的区分和界限，但互相并不对立。我国自然资源禀赋特殊，故与之相关的二次资源自然具备了类似特点：能耗高，尾矿和弃渣的排放量大，环境问题突出；同类自然资源的利用工艺差异甚大，故二次资源的利用也是如此；虽是二次资源，但同时又是具有废弃物和污染物属性的特殊资源，绝不能忽视再利用过程的污染转移。因此，站在资源高效利用与环境友好的界面上考虑再利用的原理和技术，不能单纯地把废弃物作为获得某种产品的原料，而应结合具体二次资源考虑整体化、功能化的利用。在考虑科学、技术、环境和经济四者统一原则下，遵从只有科学原理简单，技术才能简单的逻辑，尽可能低投入、低消耗、低污染和高效率地利用二次资源。

2008年起，国家提出社会经济增长方式向"循环经济""可持续发展"转变。在这个战略转变中，人才培养是重中之重。2010年，教育部首次批准南开大学、山东大学、东北大学、华东理工大学、福建师范大学、西安建筑科技大学、北京工业大学、湖南师范大学、山东理工大学等十所高校，设立战略性新兴产业学科"资源循环科学与工程"，并于2011年在全国招收了首届本科生。教育部又陆续批准了多所高校设立该专业。至今，全国已有三十多所高校开设了资源循环科学与工程本科专业，某些高校还设立了硕士和博士点。该专业的开创，满足了我国战略性新兴产业的培育与发展对高素质人才的迫切需求，也得到了学生和企业的认可和欢迎，展现出极强的学科生命力。

"工欲善其事，必先利其器"。根据人才培养目标和社会对人才知识结构的需求，东北大学薛向欣团队编写了《资源循环科学与工程专业系列教材》。系列教材目前包括《有色金属资源循环利用（上、下册)》《钢铁冶金资源循环利用》《污水处理与水资源循环利用》《无机非金属资源循环利用》《土地资源保护与综合利用》《城市垃圾安全处理与资源化利用》《废旧高分子材料循环利用》七个分册，内容涉及的专业范围较为广泛，反映了作者们对各自领域的深刻认识和缜密思考，读者可从中全面了解资源循环领域的历史、现状及相关政策和技术发展趋势。系列教材不仅可用于本科生课堂教学，更适合从事资源循环利用相关工作的人员学习，以提升专业认识水平。

资源循环科学与工程专业尚在发展阶段，专业研发人才队伍亟待壮大，相关产业发展方兴未艾，尤其是随着社会进步及国家发展模式转变所引发的相关产业的新变化。系列教材作为一种积极的探索，她的出版，有助于我国资源循环领域的科学发展，有助于正确引导广大民众对资源进行循环利用，必将对我国资源循环利用领域产生积极的促进作用和深远影响。对系列教材的出版表示祝贺，向薛向欣作者团队的辛勤劳动和无私奉献表示敬佩！

中国工程院院士

2018 年 8 月

# 主 编 的 话

众所周知，谁占有了资源，谁就赢得了未来！但资源是有限的，为了可持续发展，人们不可能无休止地掠夺式地消耗自然资源而不顾及子孙后代。而自然界周而复始，是生态的和谐循环，也因此而使人类生生不息繁衍至今。那么，面对当今世界资源短缺、环境恶化的现实，人们在向自然大量索取资源创造当今财富的同时，是否也可以将消耗资源的工业过程像自然界那样循环起来？若能如此，岂不既节约了自然资源，又减轻了环境负荷；既实现了可持续性发展，又荫福子孙后代？

工业生态学的概念是1989年通用汽车研究实验室的 R. Frosch 和 N. E. Gallopou-louszai 在 "Scientific American" 杂志上提出的，他们认为 "为何我们的工业行为不能像生态系统那样，在自然生态系统中一个物种的废物也许就是另一个物种的资源，而为何一种工业的废物就不能成为另一种资源？如果工业也能像自然生态系统一样，就可以大幅减少原材料需要和环境污染并能节约废物垃圾的处理过程"。从此，开启了一个新的研究人类社会生产活动与自然互动的系统科学，同时也引导了当代工业体系向生态化发展。工业生态学的核心就是像自然生态那样，实现工业体系中相关资源的各种循环，最终目的就是要提高资源利用率，减轻环境负荷，实现人与自然的和谐共处。谈到工业循环，一定涉及一次资源（自然资源）和二次资源（工业废弃物等），如何将二次资源合理定位、科学划分、细致分类，并尽可能地进入现有的一次资源加工利用过程，或跨界跨行业循环利用，或开发新的循环工艺技术，这些将是资源循环科学与工程学科的重要内容和相关产业的发展方向。

我国的相关研究几乎与世界同步，但工业体系的实现相对迟缓。2008年我国政府号召转变经济发展方式，各行业已开始注重资源的循环利用。教育部响应国家号召首批批准了十所高校设立资源循环科学与工程本科专业，东北大学也在其中，目前已有30所学校开设了此专业。资源循环科学与工程专业不仅涉及环境工程、化学工程与工艺、应用化学、材料工程、机械制造及其自动化、电子信息工程等专业，还涉及人文、经济、管理、法律等多个学科；与原有资源工程专业的不同之处在于，要在资源工程的基础上，讲清楚资源循环以及相应的工程和管理。

通过总结十年来的教学与科研经验，东北大学资源与环境研究所终于完成了《资源循环科学与工程专业系列教材》的编写。系列教材的编写思路如下：

（1）专门针对资源循环科学与工程专业本科教学参考之用，还可以为相关专业的研究生以及资源循环领域的工程技术人员和管理决策人员提供参考。

（2）探讨资源循环科学与工程学科与冶金工业的关系，希望利用冶金工业为资源循环科学与工程学科和产业做更多的事情。

（3）作为探索性教材，考虑到学科范围，教材内容的选择是有限的，但应考虑那些量大面广的循环物质，同时兼顾与冶金相关的领域。因此，系列教材包括水、钢铁材料、有色金属、硅酸盐、高分子材料、城市固废和与矿业废弃物堆放有关的土壤问题，共 7 个分册。但这种划分只能是一种尝试，比如水资源循环部分不可能只写冶金过程的问题；高分子材料的循环大部分也不是在冶金领域；城市固废的处理量也很少在冶金过程消纳掉；即使是钢铁和有色金属冶金部分也不可能在教材中概全，等等。这些也恰恰给教材的续写改编及其他从事该领域的同仁留下想象与创造的空间和机会。

如果将系列教材比作一块投石问路的"砖"，那么我们更希望引出资源能源高效利用和减少环境负荷之"玉"。俗话说"众人拾柴火焰高"，我们真诚地希望，更多的同仁参与到资源循环利用的教学、科研和开发领域中来，为国家解忧，为后代造福。

系列教材是东北大学资源与环境研究所所有同事的共同成果，李勇、胡恩柱、马兴冠、吴畏、曹晓舟、杨合和程功金七位博士分别主持了 7 个分册的编写工作，他们付出的辛勤劳动一定会结出硕果。

中国工程院黄小卫院士为系列教材欣然作序！冶金工业出版社为系列教材做了大量细致、专业的编辑工作！我的母校东北大学为系列教材的出版给予了大力支持！作为系列教材的主编，本人在此一并致以衷心谢意！

东北大学资源与环境研究所

2018 年 9 月

# 前　言

随着我国矿业、冶金、能源、化工及建筑等行业的发展，每年都产生数量巨大的尾矿、废渣等典型固体废弃物，对环境产生的污染日益加剧。大宗固废的堆存不仅占用大量的土地，而且对地下水和空气环境产生污染。如何实现固废资源循环利用，开展适合我国固废资源特点的高效清洁利用基础理论研究和关键技术开发，成为当今社会的一个重要课题。将其资源化利用，是保护环境和减少资源浪费最有效的途径，符合循环经济生态思维。

提取大宗典型固废中的有价组元，制备绿色产品及材料，获得在建筑材料、土壤改良、环境保护、冶金工业、化学工业等领域的应用，有利于减量化、资源化、无害化地解决大宗固废常规堆积问题，切实降低潜在的环境危害风险及资源利用过程的环境负荷，对解决损害人类健康的固废等突出环境问题百利无弊，有利于推进我国生态文明建设、推动我国经济的绿色可持续发展。

本教材针对高等学校资源循环科学与工程专业的课程特点，结合当代无机非金属资源及材料循环利用特点，全面阐述了矿山、冶金、能源、化工、建筑等行业典型无机非金属二次资源循环综合利用技术及相关工艺过程、方法，力求使学生能够全面了解掌握无机非金属资源及材料循环利用的科学原理与技术状况，为其未来从事资源综合利用工作打下扎实的专业基础。

本教材可作为高等学校资源循环科学与工程、环境科学与工程、资源与环境等专业本科教材和参考书，可作为相关专业研究生参考书，也可供相关行业工程技术人员参考。

全书共分7章，分别为：典型大宗无机非金属二次资源来源、无机非金属资源在水泥工业应用、无机非金属资源在建筑材料工业应用、无机非金属资源在土壤改良及农业应用、无机非金属资源在环保领域应用、无机非金属资源在冶金工业应用、无机非金属资源在化学工业应用。本教材由东北大学冶金学院资源与环境系程功金和杨合编写，程功金编写了第1、4~7章，杨合编写了第2、3章。

本教材在编写过程中，研究生董梦格、马明龙和梁宗宇协助整理了部分资料，并得到了东北大学资源与环境研究所和冶金工业出版社的大力帮助，在此对他们表示由衷的感谢。

　　由于无机非金属资源及材料循环利用还处于发展阶段，加之编者水平所限，书中疏漏和不足之处在所难免，敬请读者批评指正。

编　者

2020 年 9 月于东北大学

# 目　　录

典型大宗无机非金属二次资源

**本章提要：**
（1）掌握典型大宗无机非金属二次资源的分类及来源。
（2）掌握典型大宗无机非金属二次资源的化学成分、矿物组成、物理化学性质等。

# 1.1 引　言

自然界中的自然资源是指在一定经济技术条件下，对人类有用的一切物质和非物质的总称。自然资源包含不可再生资源和可再生资源。

二次资源，通常是相对于自然资源或一次资源而言的，它的基本定义为：在社会的生产、流通、消费过程中产生的不再具有原使用价值并以各种形态存在，但可以通过某些综合利用加工、回收等途径，使其重新获得使用价值的各种废物的总称。

顾名思义，无机非金属二次资源就是属于二次资源中的无机非金属部分，具体包括矿山二次资源、钢铁冶金二次资源、有色冶金二次资源、能源行业二次资源、化工行业二次资源、城市建筑垃圾等。

# 1.2 矿山二次资源

矿山非金属二次资源是指矿床开采和选矿过程中产生、仍然堆存或遗留在矿区范围内的废石、尾矿、煤矸石等各种废弃物的总称。

## 1.2.1 废石

废石是指已采下的不含矿的围岩和夹石的通称。在露天采矿场内，把剥离的覆土、围岩及不含工业价值的脉石通称废石。

根据《中国矿产资源节约与综合利用报告（2015）》，中国废石堆存量达到了438亿吨。矿山废石的大量堆积不仅严重影响对矿产资源的综合利用水平，也对环境造成了严重的危害，因为废石的堆积在占据大量土地的同时也对土壤环境造成了严重的破坏。因此，有必要对采矿废石处理，实现采矿废石综合利用，二次回收固废资源，同时对矿山的安全绿色运行、创建示范矿山也具有积极的意义。

根据建筑行业研究报告，矿山废石经破碎、筛分，可制备出符合级配要求的粒径为5~25mm粗骨料和细度模数约为2.8的人工砂作为配制C60混凝土的粗细骨料。

## 1.2.2　尾矿

矿产资源一直是人类生存和发展的重要物质基础，全世界每年开采的各种矿产多达150亿吨。将采出的矿石磨细后，通过磁选法、电选法、重选法或者浮选法等手段选出有用矿物成分，剩下的残渣就是尾矿。

### 1.2.2.1　分类

我国矿产质量不佳，许多主要矿产品位较低，加上长期以来粗放式经营，采、选技术水平低下，导致矿产资源总体利用率较低。根据国土资源部 2003 年《中国矿产资源年报》公布的资料，我国 40 多种主要矿产资源总体利用率不高，其中固体矿产采、选、冶总回收率平均只有 42%。其直接结果是，选矿尾矿排放量大，其中所含有用组分和有用矿物较高，从而也相应形成我国矿山二次资源的巨大潜力。据《中国矿产资源节约与综合利用报告（2015）》显示，我国尾矿堆存量为 146 亿吨，83% 为铁矿、铜矿、金矿开发产生的尾矿。

按照不同分类标准，尾矿会有不同类别：（1）按照选矿工艺流程，尾矿可分为：手选尾矿、磁选尾矿、浮选尾矿、重选尾矿、化学选矿尾矿和电选及光电选尾矿；（2）按照尾矿中主要矿物的成分，可将尾矿分为：镁铁硅酸盐型尾矿、钙铝硅酸盐型尾矿、碱性硅酸盐型尾矿、高铝硅酸盐型尾矿、长英岩型尾矿、高钙硅酸型尾矿、硅质岩型尾矿和碳酸盐型尾矿。

由《尾矿设施设计规范》（GB 50863—2013）可知，根据颗粒级配和塑性指数，原尾矿可分为三大类八小类，即：砂性尾矿（尾砾砂、尾粗砂、尾中砂、尾细砂、尾粉砂）、粉性尾矿（尾粉土）、黏性尾矿（尾粉质黏土、尾黏土），具体见表 1-1。

**表 1-1　原尾矿定名**

| 原尾矿 | | 判　别　标　准 |
| --- | --- | --- |
| 类　别 | 名　称 | |
| 砂性尾矿 | 尾砾砂 | 粒径大于 2mm 的颗粒质量占总质量的 25%~50% |
| | 尾粗砂 | 粒径大于 0.5mm 的颗粒质量占总质量的 50% |
| | 尾中砂 | 粒径大于 0.25mm 的颗粒质量占总质量的 50% |
| | 尾细砂 | 粒径大于 0.074mm 的颗粒质量占总质量的 85% |
| | 尾粉砂 | 粒径大于 0.074mm 的颗粒质量占总质量的 50% |
| 粉性尾矿 | 尾粉土 | 粒径大于 0.074mm 的颗粒质量不超过总质量的 50%，且塑性指数不大于 10 |
| 黏性尾矿 | 尾粉质黏土 | 塑性指数大于 10，且小于或等于 17 |
| | 尾黏土 | 塑性指数大于 17 |

注：1. 定名时应根据颗粒级配由大到小，以最先符合者确定。

2. 塑性指数应由相应于 76g 圆锥仪沉入土中深度为 10mm 时测定的液限计算确定。

### 1.2.2.2　综合利用

尾矿中含有一定数量的金属和矿物，如果随意排放，会存在着资源浪费、占地面积大、污染环境等问题，亟待治理。同时，尾矿也是一种重要的二次资源，尤其尾矿综合利用不需要投入大量高能耗的破碎、磨矿设备，具有加工回收成本相对较低的优势，因此尾矿的综合利用潜力巨大。

尾矿的综合利用主要包括两方面：一是尾矿作为二次资源再选，回收有用矿物；二是尾矿的直接利用，用于充填开采、修路、制备有机肥和建筑材料（水泥、砖、加气混凝土、耐火材料、玻璃、陶粒、微晶玻璃等）。也可两者结合共同利用尾矿，即先综合回收尾矿中的有价组分，再将尾矿直接利用，实现尾矿的综合利用。

# 1.3　钢铁冶金二次资源

钢铁冶金无机非金属二次资源指的是在钢铁工业流程中排放的具有可利用价值的二次排放物。具体包括高炉渣、钢渣、铁合金渣、含铁尘泥和钢铁冶金含锌粉尘等。

## 1.3.1　高炉渣

高炉渣是高炉冶炼生铁时排出的废渣。高炉炼铁时，向高炉中加入铁矿石、燃料以及助熔剂等，当炉内温度达到 $1300 \sim 1500℃$ 时，物料熔化成液相，浮在铁水上的熔渣，通过排渣口排出成为高炉渣。我国一般每炼 1t 生铁产生 $0.3 \sim 0.9t$ 高炉渣，西方发达国家平均水平为 $0.22 \sim 0.37t$。高炉渣是黑色金属冶炼中产生数量最多的固体二次资源。

### 1.3.1.1　组成

A　高炉渣的化学组成

按冶炼生铁种类不同，高炉渣可分为炼钢生铁渣、铸造生铁渣、特种生铁渣和炼合金钢生铁渣。高炉渣的主要化学成分是 CaO、MgO、$Al_2O_3$、$SiO_2$，多数高炉渣中这四种成分占渣总重的 95% 以上。此外，还含有少量的 MnO、$Fe_2O_3$、$K_2O$、$Na_2O$ 和 S，特种生铁渣中含有 $TiO_2$ 和 $V_2O_5$ 等。其中，$SiO_2$ 和 $Al_2O_3$ 来自矿石中的脉石和焦炭中的灰分，CaO 和 MgO 主要来自助熔剂。我国钢铁厂的高炉渣化学成分见表 1-2。

表 1-2　我国高炉渣的化学成分 （%）

| 名　称 | 普通渣 | 高钛渣 | 锰铁渣 | 含氟渣 |
|---|---|---|---|---|
| CaO | 38~49 | 23~46 | 28~47 | 35~45 |
| $SiO_2$ | 26~42 | 20~35 | 21~37 | 22~29 |
| $Al_2O_3$ | 6~17 | 9~15 | 11~24 | 6~8 |
| MgO | 1~13 | 2~10 | 2~8 | 3~7.8 |
| MnO | 0.1~1 | <1 | 5~23 | 0.1~0.8 |
| $Fe_2O_3$ | 0.15~2 | — | 0.1~1.7 | 0.15~0.19 |
| $TiO_2$ | — | 20~29 | — | — |
| $V_2O_5$ | — | 0.1~0.6 | — | — |
| S | 0.2~1.5 | <1 | 0.3~3 | — |
| F | — | — | — | 7~8 |

B　高炉渣的矿物组成

高炉渣的矿物组成与其化学成分和冷却方式有关。快速冷却的高炉渣中绝大部分化合物来不及形成稳定的矿物，阻止了矿物结晶，因而形成大量的无定形玻璃体（非晶质）。慢速冷却的高炉渣通常具有晶质结构，所形成的矿物种类随高炉渣的化学成分不同而有所变化。碱性高炉渣的主要矿物是钙铝黄长石和钙镁黄长石，其次是硅酸二钙、假硅灰石、钙长石、钙镁橄榄石、镁蔷薇辉石和镁方柱石；酸性高炉渣中主要成分有黄长石、假硅灰石、辉石和斜长石等；高钛高炉渣的主要矿物是钙钛矿、安诺石、钛辉石、巴依石和尖晶石；锰铁高炉渣中主要矿物为锰橄榄石。

### 1.3.1.2　物理化学性质

高炉渣的碱度 $M_o$ 是指矿渣中的碱性氧化物与酸性氧化物的质量含量比，通常用表示为：

$$M_o = \frac{CaO\% + MgO\%}{SiO_2\% + Al_2O_3\%} \qquad (1\text{-}1)$$

通常按碱度的大小对高炉渣进行分类：$M_o > 1$ 为碱性渣，$M_o < 1$ 为酸性渣，$M_o = 1$ 为中性渣。我国高炉渣大部分接近中性渣，其 $M_o = 0.99 \sim 1.08$。

### 1.3.1.3　各种成品渣的特性

高炉渣由液态渣处理成固态渣的方法不同，其成品渣的特性各异。我国常用的处理方法有水淬法（也称急冷法）、半急冷法和热泼法（慢冷法），相应的成品渣分为水淬渣、膨珠和重矿渣。

#### A　水淬渣

水淬渣是指高炉熔渣在大量冷却水作用下急速冷却成的砂状玻璃体物质。在急速冷却过程中，熔渣中的大部分化合物来不及形成结晶物质，而以玻璃体状态将热能转化成化学能封存其内，从而具有潜在的化学活性，在激发剂的作用下其活性被激发，能起水化硬化作用而产生强度。水淬渣是生产水泥和混凝土的优质原料。

#### B　膨珠

高炉熔渣在适量水的冲击和机械的配合作用下，被甩到空气中使水蒸发成蒸汽并在内部形成空隙，再经冷却形成珠状矿渣叫做膨珠，也称之为膨胀矿渣珠。膨珠外观呈球形或椭球形，粒度大小与生产工艺和设备密切相关，大部分粒径集中在 2.5 ~ 5mm 之间，约占膨珠重量的 67% ~ 76%，10mm 以上和 2.5mm 以下的颗粒较少；颜色灰白、棕色或深灰色，表面具有釉化玻璃质光泽；主要物相为玻璃体，含量为 90% ~ 95%；珠内有微孔，孔径大的 350 ~ 400μm，小的 80 ~ 100μm，微孔互不相通，吸水率低；自然级配的膨珠具有一定的强度。表 1-3 列出了膨珠的物理性质。

表 1-3　膨珠的物理性能

| 粒径 /mm | 体积密度 /kg·m⁻³ | | 吸水/% | | 筒压强度 /MPa | 孔隙率 /% | 密度 /g·cm⁻³ | 热导率 /W·(m·K)⁻¹ | 冻融循环 （15 次） |
|---|---|---|---|---|---|---|---|---|---|
| | 松散 | 颗粒 | 1h | 2h | | | | | |
| 自然级配 | 960 ~ 1050 | 1500 ~ 1600 | 2 ~ 4 | 6 | 5.34 ~ 6.13 | 50 以下 | 2.85 ~ 2.92 | 0.14 | 合格 |

膨珠由半急冷作用形成，除具有水淬渣相似的化学活性外，由于膨珠内存气体，还具有隔热保温、质轻、吸水率低和弹性模量高等特点，并且具有一定的抗压强度，因此，是

一种很好的建筑轻骨料和生产水泥的原料，也可作为防火隔热材料。

C 重矿渣

高炉熔渣在空气中自然冷却或淋少量水慢速冷却而形成的致密块渣，称为重矿渣。在慢速冷却过程中，熔渣中的各种成分有足够的时间结晶形成各种矿物，其主要矿物成分为黄长石，其次是假硅灰石、硅酸二钙和辉石，并含有少量玻璃体和硫化物。矿渣碎石的体积密度约 $2.97 \sim 3g/cm^3$，比石灰岩体积密度大，一般矿渣碎石的块体密度多数在 1900kg/$m^3$ 以上，抗压强度大于 49MPa，与天然碎石相近，在稳定性、耐磨性、抗冻性和抗冲击能力方面通常符合工程要求，可代替碎石用于多种建筑工程中。

少数重矿渣在缓慢冷却过程中或在堆积期间，会因硅酸盐分解、铁锰分解或石灰分解等原因发生自行粉化或碎裂。

## 1.3.2 钢渣

钢渣是钢铁工业在炼钢过程中为了去除钢中杂质而产生的副产物，若钢渣不能得到及时处理和利用，会对城市环境造成直接威胁，如钢渣中含有的游离氧化钙经雨水冲刷溶解于水中，将造成周边土壤碱化，水域 pH 值升高等，同时也必将浪费掉这部分宝贵的二次资源。因此，钢渣的高效利用具有重要意义。

### 1.3.2.1 分类

按炼钢方法的不同，钢渣可分为转炉钢渣和电炉钢渣，其中电炉钢渣又可分为氧化渣和还原渣；按熔渣性质可分为碱性渣和本性渣；根据钢渣碱度的高低，通常将钢渣分为：低碱度钢渣（$R = 0.78 \sim 1.80$）、中碱度钢渣（$R = 1.80 \sim 2.50$）、高碱度钢渣（$R > 2.50$）。钢渣利用以中高碱度钢渣为主。

### 1.3.2.2 组成

A 钢渣的化学组成

钢渣中包含脱硫、脱磷、脱氧产物及加入的造渣剂（如石灰、萤石、脱氧剂等）；金属料中带入的泥沙；铁水和废钢中的铝、硅、锰等氧化后形成的氧化物；作为冷却剂或氧化剂使用的铁矿石、氧化铁皮、含铁污泥等；炼钢过程中侵蚀下来的炉衬材料等。钢渣的主要化学成分为 CaO、$SiO_2$、FeO、$Fe_2O_3$、$Al_2O_3$、MgO、$P_2O_5$ 和 f-CaO（游离 CaO），其主要化学组成见表 1-4。

表 1-4 不同钢渣的化学成分 （％）

| 成 分 | | CaO | MgO | $SiO_2$ | $Al_2O_3$ | FeO | MnO | $P_2O_5$ | S | f-CaO |
|---|---|---|---|---|---|---|---|---|---|---|
| 转炉钢渣 | | 46~60 | 5~20 | 15~25 | 3~7 | 12~25 | 0.8~4 | 0~1 | 2 | 2~11 |
| 电炉钢渣 | 氧化渣 | 29~33 | 12~14 | 15~17 | 3~4 | 19~22 | 4~5 | 1 | 2 | |
| | 还原渣 | 44~56 | 8~13 | 11~20 | 10~18 | 0.5~1.5 | <5 | 1 | 2 | |

B 钢渣的矿物组成

钢渣的矿物组成随碱度而改变。在冶炼过程中，钢渣的碱度逐渐提高，矿物按下式反应：

$$2(CaO \cdot RO \cdot SiO_2) + CaO \Longrightarrow 3CaO \cdot RO \cdot SiO_2 + RO \qquad (1-2)$$

$$3CaO \cdot RO \cdot 2SiO_2 + CaO = 2(2CaO \cdot SiO_2) + RO \qquad (1-3)$$

$$2CaO \cdot SiO_2 + CaO = 3CaO \cdot SiO_2 \qquad (1-4)$$

式中，RO 代表二价金属（一般为 $Mg^{2+}$、$Fe^{2+}$、$Mn^{2+}$）氧化物的连续固溶体。在炼钢初期，钢渣碱度比较低，其矿物组成主要是钙镁橄榄石（$CaO \cdot MgO \cdot SiO_2$），其中的镁可被锰和铁所代替。当碱度提高时，橄榄石吸收氧化钙变成蔷薇辉石（$3CaO \cdot RO \cdot 2SiO_2$），同时放出 RO 相（$MgO \cdot MnO \cdot FeO$ 的固溶体）。若进一步增加石灰含量，则生成硅酸二钙（$2CaO \cdot SiO_2$）和硅酸三钙（$3CaO \cdot SiO_2$）。

钢渣中还常含有铁酸钙（$2CaO \cdot Fe_2O_3$ 和 $CaO \cdot Fe_2O_3$）和游离氧化钙。含磷多的钢渣中还含有纳钙斯密特石（$7CaO \cdot P_2O_5 \cdot 2SiO_2$），其活性较差，并容易造成硅酸三钙在冷却过程中的分解，从而降低钢渣的活性。表 1-5 为不同碱度转炉钢渣的矿物组成。

**表 1-5　不同碱度转炉钢渣的矿物组成**

| 碱度 | $C_3S$ | $C_2S$ | CMS | $C_3MS_2$ | $CaCO_3$ | RO |
|------|--------|--------|------|-----------|----------|-----|
| 4.24 | 50~60 | 1~5 | | | | 15~20 |
| 3.07 | 35~45 | 5~10 | | | | 15~20 |
| 2.73 | 30~35 | 20~30 | | | | 3~5 |
| 2.62 | 20~30 | 10~25 | | | | 15~20 |
| 2.56 | 15~25 | 20~25 | | | | 40~50 |
| 2.11 | 少量 | 20~30 | | | 5~10 | 15~20 |
| 1.24 | | 5~10 | 20~25 | 20~30 | | 7~15 |

注：$C_3S$ 表示硅酸三钙，$C_2S$ 表示硅酸二钙，CMS 表示钙镁橄榄石，$C_3MS_2$ 表示镁蔷薇辉石。

### 1.3.2.3　性质

钢渣外观像结块的水泥熟料，其中夹带一些铁粒，硬度大。低碱度钢渣呈黑色，质量较轻，气孔较多；高碱度钢渣呈黑灰色、灰褐色、灰白色，密实坚硬。钢渣中的铁氧化物以 FeO 和 $Fe_2O_3$ 形式同时存在，以 FeO 为主，这是与高炉渣和水泥熟料所不同的。另外，钢渣中含有一定量的 $P_2O_5$，原因是炼钢过程中脱 S 除 P 所致，由于 $P_2O_5$ 的存在，阻碍了 $C_3S$ 的形成，同时因 $C_2S$ 冷却过程分解，降低了钢渣的活性。

钢渣的密度一般在 $3.1 \sim 3.6 g/cm^3$，钢渣容重不仅受密度影响，还与粒度有关。过 80 目标准筛的渣粉，平炉钢渣容重为 $2.17 \sim 2.20 g/cm^3$，转炉钢渣容重为 $1.74 g/cm^3$，电炉钢渣为 $1.62 g/cm^3$。钢渣的抗压性能很好，压碎值为 $20.4\% \sim 30.8\%$。

### 1.3.3　铁合金渣

#### 1.3.3.1　来源

铁合金生产方法按照设备主要分为电炉法、高炉法、炉外法、转炉法等，其中多数铁合金生产采用矿热电炉电热还原熔炼。在铁合金生产中，炉料加热熔化后，经还原反应，其中的氧化物杂质与铁合金分离后形成炉渣。

铁合金电热还原过程分无渣法和有渣法两种，由生产铁合金时所形成的相对渣量而确定。无渣过程的炉渣是由矿石、精矿、非矿物材料中为数不多的氧化物以及熔炼时未还原的氧化物组成。有渣过程则伴随着大量炉渣，锰铁、硅锰合金、铬铁、镍铁等大多数铁合金生产过程中有大量锰渣、铬渣、镍渣等炉渣产生。

#### 1.3.3.2 综合利用

随着铁合金产量的增加，炉渣量持续增加，对环境造成的危害越来越大，对炉渣的综合处理越来越受到重视。苏联是炉渣处理利用较早的国家，1978 年其铁合金炉渣处理利用率达到了 41.7%。我国从 20 世纪 80 年代开始注重铁合金炉渣的处理和利用，作为再生资源，铁合金炉渣广泛应用于冶金、农业、建筑、机械制造等领域。

铁合金炉渣可以直接回收利用，用于进行合金回收、铁合金生产、炼钢和铸造生铁；也可用于生产铸石，用作水泥原料、建筑和筑路材料、农田肥料等。当前，铁合金炉渣综合利用的重要方向包括显热回收，以及用于生产微晶玻璃、矿（岩）棉等高附加值产品。

### 1.3.4 高炉瓦斯灰（泥）

高炉冶炼中产生的煤气（俗称瓦斯）是一种可以回收利用的二次能源，在对其净化处理时用重力除尘器或者不带除尘器除去的干式粗粒粉尘为瓦斯灰；经洗涤塔和文氏管中水喷淋吸附的细粒为瓦斯泥，两者统称高炉瓦斯灰（泥）。

随着钢铁工业的迅猛发展，高炉不断趋向大型化，粉尘量同时与年俱增，我国高炉粉尘的产量为 15~50kg/t，英国钢铁公司为 20~40kg/t。以 2010 年我国钢产量为 6 亿吨计算，我国每年约产生高炉粉尘 900~3000 万吨，其中瓦斯灰和瓦斯泥各占 50% 左右。欧美及日、韩等国都制定了类似法律，将含铅锌的钢铁厂粉尘划归为有毒固体废物，要求对其中铅、锌等进行回收或钝化处理，否则须密封堆放在指定场地。德国和日本的处理比例已接近 100%。从 1988 年开始，该粉尘被禁止以传统的方式填埋弃置，必须处理成无害废物后方可填埋。因此，高炉粉尘的处理和综合利用便得到了各国政府及企业的高度重视，并已成为冶金界及相关行业研究的热点之一。

#### 1.3.4.1 组成

高炉瓦斯灰（泥）中主要组分是铁、碳，并含有少量硅、铝、钙、镁等元素的氧化物，也有部分高炉瓦斯灰（泥）中含有铅、锌、砷等元素。其性质及含量一般与进入高炉的物料性质有关系，产量的大小随原料条件、工艺流程、装备及管理水平的差异而不同。

A 化学成分

我国几家钢铁公司的高炉瓦斯灰（泥）的化学成分见表1-6。

表 1-6 高炉瓦斯灰（泥）的化学成分　　　　　　　　　（%）

| 元素 | TFe | FeO | SiO$_2$ | Al$_2$O$_3$ | CaO | MgO | K$_2$O | Na$_2$O | P | S | Zn | C | F |
|------|------|------|------|------|------|------|------|------|------|------|------|------|------|
| 新钢 | 25.18 | 9.64 | 6.78 | 3.25 | 3.26 | 0.91 | 0.73 | 0.17 | 0.048 | 0.548 | 0.44 | 47.12 | — |
| 包钢 | 20.3 | 11.10 | 9.06 | 5.57 | 5.3 | 0.93 | 6.94 | 5.02 | 0.11 | 2.91 | — | 13.6 | 0.78 |

B 物相组成

高炉瓦斯灰主要由磁铁矿、赤铁矿、焦炭、铁酸钙及其他矿物组成，铁矿物以 Fe$_3$O$_4$ 和 Fe$_2$O$_3$ 为主，其他金属矿物以氧化物形式存在。在显微镜下鉴定高炉瓦斯灰（泥）的物相组成主要为：假象赤铁矿（Fe$_2$O$_3$），它是高炉瓦斯灰（泥）中的主要矿物成分，含量一般为 40%～45%，多为细小颗粒，粒径大小不等，多在 0.02～0.10mm，大多呈单体存在，其中部分假象赤铁矿颗粒中有少量磁铁矿存在；磁铁矿（$Fe_3O_4$），在高炉瓦斯灰（泥）中含量约 10%，单体颗粒很少出现，主要存在于假象赤铁矿颗粒中，大部分为烧结矿中玻璃质胶结的自然晶状磁铁矿；金属铁，它在高炉瓦斯灰（泥）中含量很少，仅有微量的金属铁珠镶嵌在渣相之中，约 0.5%～1.0%；铁酸钙，在高炉瓦斯灰（泥）中的含量占约 1%；焦炭，在高炉瓦斯灰（泥）中的含量占 15%～20%，以形状各异的颗粒存在，有粗颗粒镶嵌、细粒镶嵌、丝状等，粒度一般较铁矿物粗些；脉石，在高炉瓦斯灰（泥）中主要为细粒方解石（$CaCO_3$）、石英（$SiO_2$），另有少量粒度较粗的白灰（$CaO$）。锌，它在高炉瓦斯灰（泥）中主要以氧化物和铁酸盐固溶体的形式存在；另外，有的高炉瓦斯灰（泥）中还会存在铟，其存在形式主要为 $In_2O_3$。

### 1.3.4.2 特点

高炉瓦斯灰（泥）粒度较细且不均匀，表面粗糙，有孔隙，质量轻，归结起来大体有如下特点：粒径小，密度小，干燥后极易飘散于大气中，严重污染环境；晶相独特，分离较困难，灰（泥）是高温产物，矿物表面性质与天然矿物完全不同，各种细粒矿物在高温下熔融在一起，经常将脉石成分包裹在其中，选矿难度大，有价元素的回收率较低；反应性好，灰（泥）中含有较多小粒径、低沸点碱金属，与空气接触时，容易与空气中的氧发生反应；腐蚀性强，灰（泥）中含有相当数量的碱金属和碱土金属，如 $K_2O$、$Na_2O$、$CaO$ 和 $MgO$ 等，极易与水化合生成具有强烈腐蚀性的氢氧化物；化学毒性强，含铁尘泥中含有 $CN^-$、$S^{2-}$、As、Pb、Cd、$Cr^{6+}$ 等具有较大的化学毒性的有害元素。

# 1.4 有色冶金二次资源

有色冶金无机非金属二次资源指的是在有色金属工业流程中排放的具有可利用价值的二次排放物。具体包括有色金属冶炼尘泥、铜渣、铅锌渣以及其他有色冶炼渣。

## 1.4.1 有色金属冶炼尘泥

有色金属冶炼尘泥是指有色金属冶炼过程中排放的残渣、烟尘与湿法收尘所得污泥等，其中数量最多的是赤泥、铅锌粉尘等。我国有色金属资源贫矿较多、品位较低、成分复杂，每冶炼出 1t 有色金属一般要产出数吨废渣和粉尘。有色冶炼尘泥产生量大，成分复杂，还常含有微量的有毒元素，如铅、铝、汞、砷等，它们往往会通过各种途径转移与转化，对环境造成污染。随着对环境保护的重视和生产技术水平的提高，有色冶炼尘泥作为一种二次资源成为矿产资源综合利用的重要组成部分。

### 1.4.1.1 赤泥

赤泥是铝土矿提炼氧化铝过程中产生的残渣，因其常含有大量氧化铁、颜色偏红、外观与赤色土相似而得名。但有的赤泥含氧化铁较少而呈棕色，甚至灰白色。拜耳法一般处理 Al/Si 比高的铝土矿，所产生的赤泥称拜耳法赤泥；铝土矿品位低的，采用烧结法或烧结-拜耳法或选矿-拜耳法炼铝，所产生的赤泥分别称为烧结法赤泥或联合法赤泥。

由于矿石品位和生产方法的不同，生产单位产品氧化铝产生的赤泥量变化很大。生产

1t 氧化铝的干赤泥产生量在 0.72~1.76t 之间，全国平均值为 0.98t。近 5 年，我国 6 家氧化铝企业的赤泥排放系数统计数据见表 1-7。

表 1-7　中铝公司部分氧化铝厂赤泥排放系数　　　　　（t 赤泥/tAl$_2$O$_3$）

| 项　目 | 河南 | 山西 | 贵州 | 山东 | 中州 | 广西 |
|---|---|---|---|---|---|---|
| 赤泥生产系数 | 0.72~1.05 | 0.81~1.38 | 0.77~1.05 | 1.3~1.76 | 1.15 | 0.82~1.43 |
| 生产方法 | 联合法 | 联合、拜耳法 | 联合法 | 烧结法 | 烧结法 | 拜耳法 |

国内外赤泥大多是设置堆场贮存，或利用沟谷适当筑堰贮存，有的是将其倾倒入大海。赤泥自然堆放，液相逐渐进入周围环境和附近河流，容易造成环境污染；干燥后随风飘扬，又污染大气。为了减少污染，赤泥堆场底部应铺设不透水层，在赤泥堆上面铺土种植植物，但积极合理的办法是开展综合利用。赤泥的综合利用主要包括两方面：一是提取赤泥中的有用组分，回收有价金属；二是将赤泥作为大宗材料的原料，整体加以综合利用。而提取赤泥中的有价金属后，再进行整体利用，应是赤泥利用的根本方向。

A　组成

a　化学组成

赤泥的化学成分取决于铝土矿的成分、生产氧化铝的方法和生产过程中添加剂的物质成分，以及新生成的化合物成分等，其组分复杂、成分变化很大，主要以 SiO$_2$、CaO、Fe$_2$O$_3$、Al$_2$O$_3$、Na$_2$O、TiO$_2$、K$_2$O 等为主。此外，赤泥中还含有丰富的稀土元素和微量放射性元素，如铼、镓、钇、钽、铀、钍和镧系元素等。表 1-8 为不同生产工艺产生的赤泥的化学组成。

表 1-8　赤泥的化学组成与含量　　　　　　　　　　　　　　（%）

| 名　称 | Al$_2$O$_3$ | SiO$_2$ | CaO | Fe$_2$O$_3$ | Na$_2$O | TiO$_2$ | K$_2$O |
|---|---|---|---|---|---|---|---|
| 烧结法 | 5~7 | 19~22 | 44~48 | 8~12 | 2~2.5 | 2~2.5 | — |
| 联合法 | 5.4~7.5 | 20~20.5 | 44~47 | 6.1~7.5 | 2.8~3 | 6~7.7 | 0.5~0.73 |
| 拜耳法 | 13~25 | 5~10 | 15~31 | 21~37 | 0.5~3.7 | — | — |

我国铝土矿资源属于高铝、高硅、低铁、一水硬铝石型，溶出性较差，其类型特殊。因此，除广西平果采用拜耳法外，大多采用烧结法或联合法冶炼氧化铝。赤泥中氧化铝残存量不高、碱含量低、氧化硅和氧化钙含量较高，氧化铁含量除中铝广西分公司外均较低。烧结法和联合法赤泥的主要矿物成分是硅酸二钙，在激发剂的激发下，具有水硬胶凝性能，且水化热不高。这一点对赤泥的综合利用具有重要意义。

国外铝土矿主要是三水铝石和一水软铝石，生产工艺以拜耳法为主，其赤泥成分的特点是氧化铝残存量和氧化铁含量很高，钙含量较低。中铝公司六大氧化铝厂和国外部分氧化铝企业成分分别见表 1-9 和表 1-10。赤泥的主要成分不属于对环境有特别危害的物质，其环境污染以碱污染为主，环境危害因素主要是含 Na$_2$O 的附液，附液含碱 2~3g/L，pH 值可达 13~14，附液主要成分是 K$^+$、Na$^+$、Ca$^{2+}$、Mg$^{2+}$、Al$^{3+}$、OH$^-$、F$^-$、Cl$^-$、SO$_4^{2-}$ 等。

表 1-9　我国中铝公司 6 家氧化铝企业的赤泥主要成分与含量　　　（%）

| 赤泥成分 | 广西 | 山西 | 河南 | 中州 | 山东 | 贵州 |
| --- | --- | --- | --- | --- | --- | --- |
| | 拜耳法 | 联合法 | 联合法 | 烧结法 | 烧结法 | 拜耳-烧结法 |
| $SiO_2$ | 7.79 | 21.4~23.0 | 18.9~20.7 | 20.94 | 32.5 | 12.8~25.9 |
| CaO | 22.60 | 37.7~46.8 | 39.0~43.3 | 48.35 | 41.62 | 22.0~38.4 |
| $Fe_2O_3$ | 26.34 | 5.4~8.1 | 10.0~12.6 | 7.15 | 5.7 | 3.4~5.0 |
| $Al_2O_3$ | 19.01 | 8.2~12.8 | 5.96~8.0 | 7.04 | 8.32 | 8.5~32.0 |
| MgO | 0.81 | 2.0~2.9 | 2.15~2.6 | | | 1.5~3.9 |
| $K_2O$ | 0.041 | 0.2~1.5 | 0.47~0.59 | | | 0.2 |
| $Na_2O$ | 2.16 | 2.6~3.4 | 2.58~3.68 | 2.3 | 2.33 | 3.1~4.0 |
| $TiO_2$ | 8.27 | 2.2~2.9 | 6.13~6.7 | 3.2 | 2.1 | 4.4~6.5 |
| 灼减 | 9.64 | 8.0~12.8 | 6.5~8.15 | | | 10.7~11.1 |
| 其他 | | | | | | 1.9~4.5 |

表 1-10　国外一些氧化铝企业的赤泥成分与含量　　　（%）

| 赤泥成分 | 希腊 | 雷诺兹 | 美国 | 意大利 | 德国 | 匈牙利 | 日本 |
| --- | --- | --- | --- | --- | --- | --- | --- |
| $SiO_2$ | 7.85 | 4~6 | 11~14 | 11.5 | 14.06 | 14.0 | 14~16 |
| CaO | 13.25 | 5~10 | 5~6 | 0.7 | 1.15 | 2.0 | |
| $Fe_2O_3$ | 35.58 | 55~60 | 30~40 | 46.3 | 30.0 | 39.7 | 39~45 |
| $Al_2O_3$ | 14.69 | 12~15 | 16~20 | 12.0 | 24.73 | 16.3 | 17~20 |
| $Na_2O$ | 9.48 | 2 | 6~8 | 6.6 | 8.02 | 10.3 | 7~9 |
| $TiO_2$ | 5.69 | 4~5 | 10~11 | 7.3 | 3.68 | 5.3 | 2.5~4 |
| 灼减 | 9.48 | 5~10 | 10~11 | | 9.66 | 10.1 | 10~12 |
| 其他 | 4.08 | | | | 8.7 | 2.3 | |

b　矿物组成

赤泥矿物组成随铝土矿产地和氧化铝生产方法的不同而有所差异。烧结法赤泥的主要矿物成分是：$\beta\text{-}2CaO \cdot SiO_2$、$Na_2O \cdot Al_2O_3 \cdot 2SiO_2 \cdot nH_2O$、$3CaO \cdot Al_2O_3 \cdot 2SiO_2$ 和赤泥附液（含 $Na_2CO_3$ 的水）。拜耳法赤泥的主要矿物成分是：$Na_2O \cdot Al_2O_3 \cdot 2SiO_2 \cdot nH_2O$、$3CaO \cdot Al_2O_3 \cdot 2SiO_2$、$CaO \cdot Al_2O_3 \cdot 2SiO_2 \cdot nH_2O$ 和赤泥附液。国内氧化铝企业赤泥的主要矿物组成见表 1-11。

表 1-11　国内氧化铝厂赤泥的主要矿物组成　　　（%）

| 烧结法赤泥物相 | 含　量 | 拜耳法赤泥物相 | 含　量 |
| --- | --- | --- | --- |
| 原硅酸钙 | 25.0 | 一水硬铝石 | 2.0 |
| 水合硅酸钙 | 15.0 | 水化石榴子石 | 46.10 |
| 水化石榴子石 | 9.0 | 钙霞石 | 12.30 |
| 方解石 | 26.0 | 钙钛矿 | 13.6 |
| 含水氧化铁 | 7.0 | 伊利石 | 2.0 |

| 烧结法赤泥物相 | 含　量 | 拜耳法赤泥物相 | 含　量 |
|---|---|---|---|
| 霞石 | 7.0 | | |
| 水合硅酸钠 | 5.0 | | |
| 钙钛矿 | 3.0 | | |

B　性质

赤泥呈红色，具有触变性，液固比一般为 3~4，所含液相为附液，有较高的碱性。粉状赤泥相对密度为 2.3~2.7，容重为 0.73~1.0g/cm³，熔点为 1200~1250℃，比表面积 0.5m²/g 左右。无论采用湿法或干法堆放，赤泥总有附液排入堆场，附液在堆场中澄清后由溢流井或经砂石排水层过滤，通过回收系统可返回氧化铝工艺循环利用。

赤泥粒度较细，一般颗粒直径为 0.08~0.25mm。我国广西平果铝业进入堆场的赤泥颗粒相对较粗（见表 1-12），对照国际制土壤质地分类表，赤泥的物理性质很接近粉砂质黏土的物理性质，物理性黏粒含量占 60% 以上，粒间空隙小，黏塑性强，易板结。

**表 1-12　广西平果铝堆场的赤泥颗粒组成**

| 粒级/mm | 砂粒 | 砂粉粒 | 黏粒 |
|---|---|---|---|
| | 0.2~2 | 0.002~0.2 | <0.002 |
| 含量/% | 27 | 45 | 28 |

赤泥堆由于温度变化和雨水浸泡，盐碱会逐渐溶出，在堆面形成 10mm 左右厚度的白色粉末，表面赤泥则结成具有砂性的硬块，并由原来的红色逐渐变成蓝黑色。

#### 1.4.1.2　铅锌粉尘

由于铅锌冶炼企业原料及工艺等的特殊性，火法冶炼过程中不可避免地产生大量的含尘烟气，烟尘中部分金属化合物具有毒性。因此，有效收集烟尘、实现综合利用是企业面临的关键问题之一。

铅锌冶炼企业一般采用收尘装置处理含尘烟气，收尘的重要性在于：（1）含尘烟气中部分金属化合物具有毒性，如氧化铅、氧化砷、氧化镉、氧化铍等，排放后造成环境污染；（2）火法冶炼过程中，由于烟气流动产生机械性烟尘、高温产生挥发性烟尘，前者成分与原料相似，后者富集了蒸气压较大的金属或化合物，因此，收尘对于提高金属回收率和原料的综合利用率意义重大；（3）硫化矿在冶炼过程中，绝大部分硫被氧化成二氧化硫和少量三氧化硫进入烟气，为回收这些硫制酸，要求烟气含尘量不大于 200mg/m³。

#### 1.4.1.3　其他有色冶炼粉尘

几乎所有的有色金属矿石中都伴生有稀贵金属，因此，这些金属冶炼过程产生的烟尘都富集稀贵金属，可作为提取稀贵金属的原料。

氧化锌是白色粉末状微粒，无嗅无味，无砂性，是黄铜熔炼炉排放烟气中的主要粉尘。因氧化锌有收敛性和一定的杀菌能力，在医药上常调制成软膏使用，此外，氧化锌还可用作催化剂。

铜冶炼厂的电收尘灰，外观呈灰白色，为粉状。其中，水溶性锌占总锌的 93.63%；水溶性铜占总铜的 55.32%；水溶性铁占总铁的 53.06%，其余部分及 Pb、Cr、Ca 等全为不溶于水的化合物，所以选用水浸锌，铜金属，因浸出液中铁含量高，采用空气-双氧水联合除铁工艺，可获得满意效果。

钼泥是冶炼钼铁飞扬的烟尘经水淋洗的沉淀物，除含有一定量的钼，还含有大量的石英、硅酸盐、铁、铜、钙、镁、铝等。从钼泥中提取钼，工艺过程复杂，很难获得较高的提取率。因此，迄今为止国内外没有这方面成功的先例。

砷灰和反射炉烟尘是炼锡过程的主要粉尘。砷灰主要由 $As_2O_3$、Sn、Pb、Zn 等物质组成，可用于生产白砷。而炼锡反射炉烟尘含铟高达 0.02%，是回收铟的重要原料之一。

### 1.4.2　有色金属冶炼渣

有色金属冶炼渣种类较多，有铜渣、镍渣、铅渣、锌渣、锡渣、锑渣、钼渣、钨渣等。

#### 1.4.2.1　铜渣

铜渣主要来自于火法炼铜过程，也有些铜渣是炼锌、炼铅过程的副产物。

A　组成

a　化学组成

铜渣由于炼铜原料的产地、成分、组成以及冶炼方法的不同，其组成有较大的差别。表 1-13 所示为我国铜渣的化学组成。

表 1-13　我国铜渣的化学组成　　　　　　　　　　（%）

| 渣的名称 | Fe | Cu | Pb | Zn | Cd | As | S | $SiO_2$ | CaO |
|---|---|---|---|---|---|---|---|---|---|
| 鼓风炉铜渣 | 25~30 | 0.21 | 0.52 | 2.0 | 0.004 | 0.033 | | 30~35 | 10~15 |
| 反射炉铜渣 | 31~36 | 0.40 | | | 0.0127 | 0.273 | 1.25 | 38~41 | 6~7 |

铜渣的铁含量很高，含有不同量的 Cu、Pb、Zn、Cd 等金属，具有回收金属元素的价值。另外，铜渣还含有较高的 $SiO_2$、CaO 等成分。提取有价金属后，铜渣可作为水泥原料使用。

铜渣中的主要矿物包括硅酸铁、硅酸钙和少量硫化物和金属元素等。水淬铜渣几乎全部都是玻璃相，只有极少数结晶相（石英、长石）出现。

b　粒度组成

水淬铜渣由大小不等、形状不规则的颗粒组成，有个别细针颗粒和炉渣状多孔颗粒。其粒度组成见表 1-14。

表 1-14　水淬铜渣的粒度组成

| 孔径/mm | 10 | 5 | 2.5 | 1.25 | 0.63 | 0.315 | 0.16 | <0.16 |
|---|---|---|---|---|---|---|---|---|
| 累计筛余/% | 1.2 | 14.4 | 43.8 | 64.6 | 83.8 | 94.4 | 97.6 | 100 |

B　水淬铜渣的性质

水淬铜渣是熔融状态的炼铜炉渣在水淬池中经急冷粒化而成的玻璃质原料，外观呈棕黑色，质地坚硬，棱角分明，表明光滑，孔隙率大。表 1-15 所示为水淬铜渣的物理性质。

表 1-15　水淬铜渣的物理性质

| 密度/kg·m⁻³ | 堆积密度/kg·m⁻³ | 孔隙率/% | 细度模数 |
|---|---|---|---|
| 3.46 | 1.71 | 49.4 | 3.65 |

水淬铜渣的质量系数为：

$$k = [m(CaO) + m(MgO) + m(Al_2O_3)]/[m(Al_2O_3) + m(MnO)] < 1$$

活性系数为：

$$M_c = Al_2O_3/SiO_2 = 0.189$$

因此，铜渣为酸性矿渣，具有一定的火山灰活性，可作为水泥或混凝土的矿物掺合料。

#### 1.4.2.2　镍渣

镍渣是冶炼镍铁合金产生的固体废渣，其中含有镍、铜、铁、金、银等多种金属，具有回收利用的价值。同时，镍渣经提取有价元素后，可作为生产建筑材料的原料使用。

A　组成

镍渣的组成极为复杂，不同冶炼原料，镍渣的组成不同。表 1-16 所示为镍渣的主要化学组成。

表 1-16　镍渣的化学组成

| 成分 | Ni | Cu | Fe | S | Si | Ca | Mg | Au | Ag |
|---|---|---|---|---|---|---|---|---|---|
| 含量/% | 20.2 | 3.1 | 29.16 | 6.00 | 8.55 | 2.19 | 1.65 | 0.67g/t | 59.61g/t |

通常，镍渣主要矿物为橄榄石及玻璃相，其次为磁性氧化铁。镍渣中的镍大部分以硫化物及少量金属合金状态存在；铜主要以金属铜形式存在，其次以硫化铜和氧化铜形式存在，也有以硅酸铜形式存在的铜。

B　性质

高温镍熔渣经自然冷却，形成大块蜂窝状，呈黑灰色，硬度较大，密度为 $4.17kg/m^3$。镍渣中存在较多的含镍铜的金属合金，其粒度大小不一。

#### 1.4.2.3　其他有色金属冶炼渣

铅锌渣是提炼金属铅、锌过程中产生的固体废渣，这种固体冶炼渣中通常含铁、铅等多种有价值的金属元素，值得回收利用。另外，火法冶炼过程产生的铅锌渣还含有 $SiO_2$、$CaO$ 等成分，可作为水泥等建筑材料的生产原料使用。

锡渣为高温炼锡过程中产生的固体二次资源。锡渣经火法或湿法处理可回收锡、铟等多种有价组分，也可作为水泥混合料使用。

锑渣是高温冶炼金属锑或铅阳极泥湿法处理等过程产生的废渣。原料来源不同，冶炼方法不同，锑渣的组成有所不同，但锑渣中一般都含有钨、铅、金、锑等有价金属。因此，回收锑渣中有价金属是锑渣资源化利用的重要途径。

钼渣是钼精矿采用氧压煮法生产仲钼酸铵过程中产生的固体废弃物。钼渣产生量一般为钼精矿量的 20% 左右。钼渣中含 Mo 15%~20%，其中可溶性 Mo 4%~6%，不可溶性 Mo 11%~14%，不可溶 Mo 包括未氧化的 $MoS_2$ 及生成的难溶性钼酸盐，如 $PbMoO_4$、$CaMoO_4$、

$FeMoO_4$ 等，常采用苏打焙烧法和酸分解法生产钼酸盐等化工产品。

钨渣是以黑钨矿或白钨矿为主要原料生产 $WO_3$ 或仲钨酸铵过程中排出的固体废弃物。钨渣中的 Fe、Mn、W、Ta、Nb、U、Sc 等金属具有回收利用的价值。

# 1.5　能源行业二次资源

能源行业无机非金属二次资源指的是在能源工业流程中排放的具有可利用价值的二次排放物，具体包括煤矸石、粉煤灰及油页岩渣等。

## 1.5.1　煤矸石

煤矸石是在煤矿开采和煤炭加工过程中产生的固体二次资源，是一种在成煤过程中与煤层伴生的一种含碳量较低、比煤坚硬的黑灰色岩石，属于沉积岩。主要有三种类型：（1）煤矿建井时期排出的煤矸石，主要由煤层中的夹矸、混入煤中的顶底板岩石如炭质泥（页）岩和黏土岩组成；（2）煤采出过程中排放的煤矸石，主要由煤系地层中的岩石如砂岩、粉砂岩、泥岩、石灰岩、岩浆岩等组成；（3）原煤洗选过程中排出的煤矸石，主要由煤层中的各种夹石如黏土岩、黄铁矿结核等组成。

由于各煤产地的煤层形成地质环境、赋存地质条件、开采技术条件及所采用的开采方法差别较大，各地煤矸石的排出率也不相同。一般认为，煤矸石排出率约占煤炭开采量的 10%～20%，约占全国工业废渣排放量的 1/4，是目前排放量最大的工业固体二次资源。我国煤矸石利用率不到 40%，而国外的煤矸石利用率较高，如波兰在 20 世纪 70 年代对煤矸石的利用率达到 100%。金字塔式的煤矸石矿山侵占着大量的土地，同时其中所含的硫化物散发后会污染空气、水和土壤，其中所含有的黄铁矿易被空气氧化，放出热量促使煤矸石中所含煤炭风化以致自燃，另外，煤矸石还可产生滑坡与泥石流，对环境造成不良影响。而煤矸石本身属于宝贵资源，因此，应加大煤矸石综合利用力度，化害为利。

### 1.5.1.1　组成

#### A　化学组成

煤矸石的化学组成较为复杂，C 是可燃组分，一般按碳含量的多少分为四类：一类是小于 4%；二类是 4%～6%；三类是 6%～20%；四类是大于 20%。煤矸石发热量较高，在堆放过程中可燃组分会缓慢氧化、自燃，其余无机组分占多数，一般以氧化物为主，如 $SiO_2$、$Al_2O_3$、$Fe_2O_3$、CaO、MgO、$K_2O$ 等，其中 $SiO_2$ 和 $Al_2O_3$ 占较大比例，此外，还含有害组分 S 和少量微量元素 Pb、Be、Cu、Mn、As、Zn、Cr、Cd、Ni、Ba、Se、Hg、F 等。

煤矸石中的铝硅比也是确定其综合利用的主要因素，Al/Si 大于 0.5 的煤矸石，铝含量高，硅含量低，以高岭石为主，可塑性好；Al/Si 小于 0.3 的煤矸石，以石英为主，可塑性较差。

#### B　岩石组成和矿物组成

煤矸石的岩石组成与煤田地质条件有关，也与采煤技术密切相关。岩石组成变化范围大、成分复杂，主要岩石种类有黏土岩类、砂岩类、碳酸盐类和铝质岩类等。一般煤矸石的矿物组成主要由黏土矿物（高岭石、伊利石、蒙脱石等）、石英、长石、氧化铝、方解石、硫铁矿及碳质等组成。

煤矸石的岩石种类和矿物组成直接影响煤矸石的化学成分，如黏土岩矸石 $SiO_2$ 含量在 40%~70% 之间；$Al_2O_3$ 含量在 15%~30% 之间；砂岩矸石 $SiO_2$ 含量大于 70%；铝质岩矸石 $Al_2O_3$ 含量大于 40%；钙质岩矸石 CaO 含量大于 30%。

### 1.5.1.2　性质

煤矸石中具有一定的可燃物质，包括煤层顶底板、夹石中所含的碳质以及采掘过程中混入的煤粒。煤矸石的热值一般为 4.19~12.6MJ/kg。

煤矸石是由各种岩石组成的混合物，抗压强度在 30~470kg/cm$^2$（3~47MPa）。煤矸石的强度和粒度有一定关系，粒度越大，其强度越大。

煤矸石的活性大小与其物相组成和煅烧温度有关。黏土类煤矸石经过焚烧（一般为700~900℃），结晶相分解破坏，变成无定型的非晶体而具有活性。煤矸石在石灰、石膏等物料和水溶液中存在有显著的水化作用，且速度极快，表现为较强的胶凝性能，所以煤矸石具有潜在的活性。

从煤矸石中回收能源物质、生产建筑材料以及生产化工产品等是实现煤矸石能源化和资源化利用的有效方式之一。

## 1.5.2　粉煤灰

粉煤灰是指煤燃烧排放出的一种黏土类火山灰质材料。它就是指火力发电厂锅炉燃烧时，烟气中带出的粉状残留物，简称灰或飞灰。它还包括锅炉底部排出的炉底渣，简称炉渣。

我国每年排出上亿吨的粉煤灰如不加以利用而直接送往贮灰场，则输送用水至少达 3 亿吨以上，贮灰场占地面积将达 50 万亩以上，占用大量土地和浪费大量资金，对于我们这样一个土地有限、水资源紧缺的国家来说是一个严重的威胁。不仅如此，还会由于粉煤灰的渗滤和飞扬等原因而污染储灰场周围的地下水、大气、土壤等环境。特别是粉煤灰中携带的有害物质，如致癌元素、放射性元素、PANS（多环芳烃类）等有机污染物，可对人体健康造成一定的危害。然而粉煤灰是非常宝贵的资源，具有很高的经济价值，因此，应加大对粉煤灰综合利用力度，做到物尽其用，变废为宝。

### 1.5.2.1　组成

#### A　化学组成

粉煤灰的化学组成与黏土质相似，其中以 $SiO_2$ 和 $Al_2O_3$ 的含量占大多数，其余为少量$Fe_2O_3$、CaO、MgO、$Na_2O$、$K_2O$ 及 $SO_3$ 等。其主要化学组成和变化范围见表1-17。

表 1-17　粉煤灰的化学成分

| 成分 | $SiO_2$ | $Al_2O_3$ | $Fe_2O_3$ | CaO | MgO | $Na_2O$ 和 $K_2O$ | $SO_3$ | 烧失量 |
|------|---------|-----------|-----------|-----|-----|------------------|--------|--------|
| 含量/% | 40~60 | 20~30 | 4~10 | 2.5~7 | 0.5~2.5 | 0.5~2.5 | 0.1~1.5 | 3~30 |

根据粉煤灰中 CaO 含量的多少，可将粉煤灰分成高钙灰和低钙灰两类。由褐煤燃烧形成的粉煤灰，其氧化钙含量较高（一般 CaO>10%），呈褐黄色，称为高钙粉煤灰，它具有

一定的水硬性；由烟煤和无烟煤燃烧形成的粉煤灰，其氧化钙含量很低（一般 $CaO<10\%$），呈灰色或深灰色，称为低钙粉煤灰，一般具有火山灰活性。我国燃煤电厂大多燃用烟煤，粉煤灰中 $CaO$ 含量偏低，属低钙灰，但 $Al_2O_3$ 含量一般较高，烧失量也较高。

B　矿物组成

粉煤灰的矿物组成主要包括无定形相和结晶相两类。

无定形相主要为玻璃体，占粉煤灰总量的 $50\%\sim80\%$，大多是 $SiO_2$ 和 $Al_2O_3$ 形成的固溶体，且大多数形成空心微珠。此外，未燃尽的细小炭粒也属于无定形相。粉煤灰的结晶相主要有石英砂粒、莫来石、β-硅酸二钙、钙长石、云母、长石、磁铁矿、赤铁矿和少量石灰、残留煤矸石、黄铁矿等。

C　颗粒组成

粉煤灰颗粒按其形状通常分为珠状颗粒和渣状颗粒两大类。其中，珠状颗粒包括漂珠、空心沉珠、密实尘珠和富铁玻璃微珠等；渣状颗粒包括海绵状玻璃渣粒、炭粒、钝角颗粒、碎屑和黏聚颗粒等。其中90%的颗粒粒度为 $-40\mu m$ 或 $-60\mu m$。

1.5.2.2　性质

A　物理性质

粉煤灰是灰色或灰白色的粉状物，表1-18所示为粉煤灰的物理性质。

表 1-18　粉煤灰的物理性质

| 物　理　性　质 | | 范　围 | 均　值 |
| --- | --- | --- | --- |
| 密度/$g\cdot cm^{-3}$ | | 1.9~2.9 | 2.1 |
| 堆积密度/$g\cdot cm^{-3}$ | | 531~1261 | 780 |
| 密实度/$g\cdot cm^{-3}$ | | 25.6~47.0 | 36.5 |
| 原灰标准稠度/% | | 27.3~66.7 | 48.0 |
| 比表面积/$cm^2\cdot g^{-1}$ | 氧吸附法 | 800~195000 | 31000 |
| | 透气法 | 1180~6530 | 3300 |
| 需水量/% | | 89~130 | 106 |
| 28天抗压强度比/% | | 37~85 | 66 |

B　粉煤灰的活性

粉煤灰的活性包括物理活性和化学活性两个方面。物理活性是粉煤灰颗粒效应、微集料效应等的总和；化学活性指粉煤灰在和石灰、水混合后所显示出来的凝结硬化性能。粉煤灰的活性不仅决定于它的化学组成，而且与它的物相组成和结构特征有着密切的关系。高温熔融并经过骤冷的粉煤灰含大量表面光滑的玻璃微珠，这些玻璃微珠含有较高的化学内能，是粉煤灰具有活性的主要矿物相。玻璃体中的活性 $SiO_2$ 和活性 $Al_2O_3$ 含量越多，活性越高。粉煤灰的活性是潜在的，需要激发剂的激发才能发挥出来。常用的激活方法有机械磨细法、水热合成法和碱性激发法。

### 1.5.3 油页岩渣

油页岩中主要包括矿物质和有机质。其中，矿物质含量较高，约占60%~80%；有机质含量相对来说较少，约占4%~25%。油页岩加工过程中产生的大量废渣经常直接被丢弃，不仅占用大片土地，使得土地利用率下降，同时还污染空气，危害人类的生活。因而，对油页岩渣进行综合利用，一方面可产生经济效益，另一方面又可保护环境。目前，油页岩废渣的综合利用途径主要包括回填矿坑及复垦耕地、烧结砖、做水泥原料、烧制陶粒、制备氧化铝和白炭黑、制备聚烯烃填充母粒、用于废气与废水处理。

油页岩渣的来源有两种：一种是脱油残渣，另一种是灰渣。前者是油页岩低温干馏后剩下的残留产物，后者是油页岩燃烧剩下的废渣。它们都是有相当的颗粒度、活化性能优良的含有微量残碳的近似火山灰的材料。

油页岩渣的组成与理化性质：通过干馏后，油页岩中包括挥发成分、碳和有机酸在内的物质被消除，从而呈现很多孔隙。脱油残渣或燃烧灰渣的主要成分为 $SiO_2$、$Al_2O_3$、$Fe_2O_3$、$CaO$、$MgO$、$SO_3$、$TiO_2$、$Na_2O$、$K_2O$ 等，其中 $SiO_2$ 和 $Al_2O_3$ 含量较高。但岩渣成分因矿质差异而有很大的差别，如国外某些钙含量丰富的油页岩矿井，它们产生的油页岩渣具有很好的水硬性；而我国大多的油页岩矿井以 Si、Al 含量为主，Ca、Mg 含量较少，从而产生的油页岩渣水硬性较小。除此以外，在岩渣中还会发现种类繁多的微量元素，像 Cr、Cu、Zn 等。

# 1.6 化工行业二次资源

化工行业二次资源来源于硫酸工业、铬产品制造业、磷酸工业、催化剂行业、硼砂制备行业等，具体可以归纳为硫酸渣、铬渣、磷石膏、磷渣、电石渣、废催化剂、硼泥及氰化尾渣等。

### 1.6.1 硫酸渣

硫酸渣是生产硫酸时焙烧硫铁矿产生的废渣。当前采用硫铁矿或含硫尾矿生产的硫酸约占我国硫酸总产量的80%以上。以硫铁矿为原料，采用接触法生产硫酸，按净化工艺流程可分为干法、湿法两大类。硫铁矿主要由硫和铁组成，伴有少量有色金属和稀有金属，生产硫酸时，其中的硫被提取，铁及其他元素转入烧渣中。

单位硫酸产品的排渣量与硫铁矿的品位及工艺条件有关，当硫铁矿含硫25%~35%时，生产每吨硫酸约产生 0.7~1.01t 硫酸渣。目前，我国每年排放硫酸渣约1300万吨，除10%左右用于水泥及其他工业作为辅助添加剂外，大部分未加利用，占用了大量的土地，造成环境污染和资源浪费。

#### 1.6.1.1 组成

A 化学组成

不同来源的硫铁矿焙烧所得的矿渣组成不同，但主要含有 $Fe_2O_3$、$Fe_3O_4$、金属硫酸盐、硅酸盐和氧化物以及少量的铜、铅、锌、金、银等有色金属。表 1-19 列出了我国部分硫酸企业硫酸渣的主要化学组成。

表 1-19　我国部分硫酸企业硫酸渣的化学组成　　　　　　　　（%）

| 企业名称 | TFe | Cu | Pb | S | SiO$_2$ | Zn |
|---|---|---|---|---|---|---|
| 大连化工化肥厂 | 35.0 | — | — | 0.25 | — | — |
| 铜陵化工总厂 | 59.0~63.0 | 0.20~0.35 | 0.015~0.04 | 0.43 | 10.06 | 0.04~0.08 |
| 吴泾化工厂 | 52.0 | 0.24 | 0.054 | 0.31 | 15.96 | 0.19 |
| 四川硫酸厂 | 53.7 | — | 0.054 | 0.51 | 18.50 | — |
| 杭州硫酸厂 | 48.8 | 0.25 | 0.074 | 0.33 | — | 0.72 |
| 衢州化工厂 | 42.0 | 0.23 | 0.078 | 0.16 | — | 0.095 |
| 广州氮肥厂 | 50.0 | — | — | 0.35 | — | — |
| 宁波硫酸厂 | 37.5 | — | — | 0.12 | — | — |
| 厦门化肥厂 | 36.0 | — | — | 0.44 | — | — |
| 南化氮肥厂 | 45.5 | — | — | 0.25 | — | — |
| 广东南海化工厂 | 34.19 | — | — | 1.59 | — | — |
| 杭州某硫酸厂 | 51.99 | — | — | 2.59 | — | — |
| 湛江某化工厂 | 40.62 | — | — | 1.24 | — | — |
| 山东某化工厂 | 51.00 | — | — | 1.14 | — | — |
| 马鞍山某化工厂 | 39.70 | — | — | 0.45 | — | — |
| 苏州硫酸厂 | 53.00 | 0.46 | 0.076 | 0.77 | 12.06 | 0.20 |
| 淄博硫酸厂 | 52.35 | — | — | 1.88 | 11.03 | — |
| 荆襄磷化工公司 | 45.87 | — | — | | 27.16 | — |
| 南京化工公司 | 54.98 | — | — | 1.11 | 8.25 | — |
| 宝鸡地区 | 38.0~47.0 | 0.18~0.50 | 0.12~0.20 | 1.0~2.2 | 25.0~37.0 | 0.02~0.60 |
| 四川德阳 | 44.26 | — | — | 3.43 | 11.26 | — |
| 四川江安 | 54.33 | — | — | 0.59 | 10.05 | — |
| 山东淄博 | 57.67 | — | — | 1.60 | 6.68 | — |
| 江苏靖江 | 27.21 | — | — | 3.27 | 29.25 | — |
| 上海硫酸厂 | 49.74 | — | — | 1.10 | 16.77 | — |

B　矿物组成

硫酸渣中铁矿物主要以磁铁矿的形式存在，其次含有少量的赤铁矿、假象赤铁矿、硅酸铁、硫酸铁和黄铁矿；硫主要以硫酸盐、硫化矿、砷黄铁矿等形式存在；脉石矿物主要有石英和少量黑云母和长石等。

C　粒度组成

硫酸渣的粒度组成随原料不同而异。含有多种有色金属元素的硫酸渣相对于单一硫铁矿烧渣要细得多。但总体上硫酸渣由于硫酸制备工艺及焙烧制度的要求，其粒度普遍偏细，大多数硫酸渣粒度小于 0.074mm。硫酸渣的原则粒度组成见表 1-20。

表 1-20 硫酸渣的粒度组成

| 粒级/mm | >0.25 | 0.15~0.25 | 0.10~0.15 | 0.074~0.10 | 0.06~0.074 | 0.044~0.06 | <0.044 |
|---|---|---|---|---|---|---|---|
| 粒度含量/% | 4.1~4.2 | 1.9~2.1 | 0.5~12.0 | 10.3~18.1 | 9.0~63.8 | 14.0 | 60.0 |

### 1.6.1.2 特点

硫酸渣具有以下特点：

（1）硫酸渣粒度不均，堆密度小，并且粒度很细。

（2）含硫量比一般矿石高，其中硫主要以硫酸盐的形式存在，约占 70% 以上，因而在其利用过程中必须考虑硫含量的影响。

（3）含铁品位不稳定，区间较大，并含有部分 Cu、Pb、Zn、As 等金属元素，对其冶炼利用有较大影响。

（4）由于硫铁矿资源差异及处理工艺的不同，导致硫酸渣物理和化学性质差异很大，亲水性强弱不一，处理的方法也不同。

## 1.6.2 铬渣

铬渣是在重铬酸钠生产过程中，由铬铁矿、纯碱、白云石、石灰石按一定比例混合，在 1100~1200℃ 高温下焙烧，用水浸出铬酸钠后所得的残渣。其有害成分主要是浸出后剩余的水溶性铬酸钠、酸溶性铬酸钙等呈毒性的六价铬。我国铬盐生产中，每生产 1t 重铬酸钠产生 1.5~2.5t 的铬渣。目前我国的铬渣露天积存量已达 300 万吨，若不加以治理，任意排放，经雨水淋沥，则 $Cr^{6+}$ 会进入水源，污染水质、土壤并危害人体健康。因此，开展治理和综合利用铬渣，对于变废为宝、节约土地资源具有十分重要的意义。

### 1.6.2.1 组成

我国铬盐生产多采用纯碱焙烧硫酸法，并添加石灰石、白云石等炉料填充剂，因此，铬渣因含有大量的钙镁化合物而呈碱性，其组成随原料产地和生产配方不同而有所改变。铬渣的化学成分一般为：$SiO_2$ 4%~30%、$Al_2O_3$ 5%~10%、CaO 26%~44%、MgO 8%~36%、$Fe_2O_3$ 2%~11%、$Cr_2O_6$ 0.6%~0.8%、$Na_2Cr_2O_7$ 1% 左右等。国内铬渣的物相组成见表 1-21，Cr(Ⅵ) 在各物相中的分布情况和溶解性质见表 1-22。

表 1-21 铬渣的主要物相组成

| 物 相 | 化 学 式 | 相对含量/% |
|---|---|---|
| 方镁石 | MgO | ≤20 |
| 硅酸二钙 | β-2CaO·SiO₂ | ≤25 |
| 铁铝酸钙 | 4CaO·Al₂O₃·Fe₂O₃ | ≤25 |
| α-亚铬酸钙 | α-CaCr₂O₃ | 5~10 |
| 铬铁矿 | (Mg·Fe)·Cr₂O₄ | 中 |
| 铬酸钙 | CaCrO₄ | ≤1 |
| 四水铬酸钠 | Na₂CrO₄·4H₂O | 2~3 |
| 铬铝酸钙 | 3CaO·Al₂O₃·CaCrO₃·12H₂O | 1~3 |

| 物 相 | 化 学 式 | 相对含量/% |
|---|---|---|
| 碱式铬酸铁 | $Fe(OH) \cdot CrO_4$ | ≤1 |
| 碳酸钙 | $CaCO_3$ | ≤3 |
| 水合铝酸钙 | $3CaO \cdot Al_2O_3 \cdot 6H_2O$ | 少 |
| α-水合氧化铝 | $\alpha\text{-}Al_2O_3 \cdot H_2O$ | 少 |
| 硅酸铁 | $FeSiO_3$ | 中 |
| 硅酸铬 | $Cr_2SiO_3$ | 可能存在 |
| 氧化铬 | $Cr_2O_3$ | 可能存在 |

**表 1-22　铬渣中六价铬的主要存在形式及相对含量**

| 物 相 | $Cr^{6+}$占干铬渣重（以 $Cr_2O_3$ 计）/% | $Cr^{6+}$的相对含量/% | 水溶性 |
|---|---|---|---|
| 四水合铬酸钠 | 1.11 | 41 | 易溶 |
| 铬酸钙 | 0.63 | 23 | 稍溶 |
| 铬铝酸钙 | | | |
| 碱式铬酸铁 | 0.34 | 13 | 微溶 |
| 化学吸附的六价铬 | | | |
| 硅酸钙-铬酸钙固溶体 | 0.48 | 18 | 难溶 |
| 铬铝酸钙-铬酸钙固溶体 | 0.13 | 5 | 难溶 |
| 合 计 | 2.69 | 100 | |

#### 1.6.2.2　铬的存在形态

铬渣的毒性主要来源于水溶态六价铬，研究铬渣中铬存在的形态是解毒的前提，其存在形态主要有五种形式，即：

（1）水溶态。该形态铬一般以铬酸根（如铬酸钠、铬酸钙）形式存在，呈六价，在水中的溶解度较大，故当铬渣水浸后，铬溶入水中。

（2）酸溶态。铬渣中存在大量死烧的碱性矿物，遇酸溶解包裹其中的铬并释放出来，这部分铬也多呈六价。此外，铬铝酸钙、碱式铬酸铁在酸性条件下部分溶解也可释放出部分铬。因此，当外部条件变化时，酸溶态铬可转变为水溶态。

（3）结合态。结合态铬是与铁、锰等元素以氧化物形式存在的铬，处于凝聚但未发生晶化的状态。这部分铬既有六价，也有三价。

（4）结晶态。铬与铁、锰氧化物形成固溶体进入晶体内部发生晶化，一般很难溶解，但柠檬酸等络合剂可溶解此种形态的铬。

（5）残余态。残余态铬是进入矿物晶格中的铬，这种铬只有在强酸溶解和强碱熔融时才会释放。

在自然条件下，铬渣中结合态、结晶态和残余态的铬都比较稳定，不会对环境造成危害，但铬渣中的水溶态和酸溶态铬危害大。

### 1.6.3 工业石膏

工业石膏包括磷石膏、脱硫石膏、氟石膏、硼石膏、钛石膏、锰石膏、柠檬酸石膏和盐石膏等。

#### 1.6.3.1 磷石膏

由磷矿石与硫酸反应制造磷酸所得到的硫酸钙称为磷石膏。

A 磷石膏的产生

在磷化工生产磷酸的方法当中，最主要的方法是利用硫酸分解磷矿，主要产物为磷酸和硫酸钙，这种方法称为硫酸法，也称为萃取法或湿法。在湿法磷酸生产过程中，随着温度和磷酸浓度的不同，反应产生的硫酸钙可能是无水物 $CaSO_4$（硬石膏）、半水合物 $CaSO_4 \cdot 0.5H_2O$（半水石膏）或二水合物 $CaSO_4 \cdot 2H_2O$（二水石膏）。而湿法磷酸的生产方法又往往以硫酸钙出现的形态来命名。因此，工业上的湿法磷酸的生产方法有二水物法、半水-二水物法、二水-半水物法和半水物法等。我国应用较多的是湿法二水物法来制造磷酸，反应方程式可表示如下：

$$Ca(PO_4)_3F + 5H_2SO_4 + 10H_2O \longrightarrow 5CaSO_4 \cdot 2H_2O + 3H_3PO_4 + HF \qquad (1.5)$$

该方法是在较低的磷酸浓度（$P_2O_5$ 的质量分数为 25%~30%）和较低的反应温度（一般为 65~80℃）下进行，料浆在系统中停留时间大约为 4~6h。反应槽内加入经预混合的磷矿粉，循环稀酸及料浆。反应完后的料浆大部分返回，少部分送去过滤。过滤出浓酸后，再经稀酸洗涤、水洗涤等工序，把磷酸和硫酸钙废渣分离。这种硫酸钙废渣其结构与天然二水石膏相似，由于这种废渣来自磷酸生产，并且石膏中含有大量的磷元素，因而称为磷石膏。

据统计，每生产 1t 磷酸，要用 2.5t 硫酸处理 4t 磷酸盐，在这个生产过程中就会排出 5t 磷石膏。在许多国家，磷石膏排放量已超过天然石膏的开采量，我国磷石膏的年排放量达 3000 万吨以上。随着磷石膏的排放量不断增加，需处置的磷石膏数量越来越大，到目前为止，这些磷石膏还没有被很好地利用，处理方法多采用陆地堆放和江、湖、海填埋。这些方法既侵占土地又破坏植被，而且酸性废水的渗漏和部分放射性元素又给人类的生存环境造成污染，同时也是对资源的一个极大浪费。

B 磷石膏的组成及性质

磷石膏呈粉末状，自由水含量约为 20%~30%，颜色呈灰白、灰、灰黄、浅黄、浅绿、棕黑等多种颜色，相对密度为 2.22~2.37，容重为 0.733~0.880g/cm³，颗粒直径为 5~50μm，成分与天然二水石膏相似，以 $CaSO_4 \cdot 2H_2O$ 为主，含量在 85% 以上，按石膏国际要求属一级品位，$SO_3$ 含量一般为 40%~52%，明显高于天然石膏的含硫量。磷石膏中含有一定量杂质，根据溶解性分为可溶杂质和不溶杂质。可溶杂质是洗涤时未清除出去的酸或盐，主要有可溶 $P_2O_5$、$K^+$、$Na^+$、可溶 F 等；不溶杂质主要有未反应完的磷矿石，以磷酸盐络合物形式存在的不溶 $P_2O_5$、不溶氟化物、金属等。磷石膏晶体形状与天然二水石膏晶体形状基本相同，为针状晶体、单分散板状晶体、密实晶体和多晶核晶体，其晶体大小、形状及致密性随磷矿石种类及磷酸生产工艺等不同而异，晶体尺寸通常为 39.2~95.2μm。磷石膏中通常还含有铀、钍等放射性元素和钇、铈、钒、铜、钛、锗等稀土和稀有元素。

磷石膏中的多种杂质组分对其性质影响很大，具体表现为磷石膏凝结时间延长，硬化体强度降低。

（1）磷石膏中的磷主要有可溶磷、共晶磷和难溶磷三种形态。可溶 $P_2O_5$ 在磷石膏中以 $H_3PO_4$ 及相应的盐存在，其分布受水化过程中 pH 值的影响，酸性以 $H_3PO_4$、$H_2PO_4^-$ 为主，碱性则以 $PO_4^{3-}$ 为主，由于石膏中 $Ca^{2+}$ 含量相对较高，而 $Ca_3(PO_4)_2$ 是溶解度较小的难溶盐，故体系中 $PO_4^{3-}$ 的含量较低，因此，磷石膏中可溶磷主要以 $H_3PO_4$、$H_2PO_4^-$ 及 $HPO_4^{2-}$ 三种形态存在。共晶磷是由于 $CaHPO_4 \cdot 2H_2O$ 与 $CaSO_4 \cdot 2H_2O$ 同属单斜晶系，具有较为相近的晶格常数，所以在一定条件下，$CaHPO_4 \cdot 2H_2O$ 可进入 $CaSO_4 \cdot 2H_2O$ 晶格形成固溶体，这种形态的磷称为共晶磷。另外，磷石膏中还含有一些 $Ca_3(PO_4)_2$、$FePO_4$ 等难溶磷。其中以未反应的 $Ca_3(PO_4)_2$ 为主，它主要分布在粗颗粒的磷石膏中。在三种形态的磷中，以可溶磷对磷石膏的性能影响最大，可溶磷会使建筑石膏凝结时间显著延长，强度大幅降低，其中，$H_3PO_4$ 影响最大，其次是 $H_2PO_4^-$、$HPO_4^{2-}$。另外，可溶磷还会使磷石膏呈酸性，可造成使用设备的腐蚀，在石膏制品干燥后，它会使制品表面发生粉化、泛霜。国外有的国家规定，用于水泥缓凝剂的磷石膏其可溶磷应为 0%；我国有关企业标准也规定用于水泥中的磷石膏其可溶 $P_2O_5$ 小于 0.1%。磷石膏中共晶磷含量取决于反应温度、液相黏度、$SO_4^{2-}$ 和 $H_3PO_4$ 浓度、析晶过饱和度以及液相组成均匀性等因素，共晶磷存在于半水石膏晶格中，水化时会从晶格中溶出，阻碍半水石膏的水化。共晶磷还会降低二水石膏析晶的过饱和，使二水石膏晶体粗化、强度降低。难溶磷在磷石膏中为惰性，对性能影响甚微。

（2）磷石膏中氟以可溶氟（NaF）和 $CaF_2$、$Na_2SiF_6$ 等难溶氟形态存在。对磷石膏性能影响最大的是可溶氟，而 $CaF_2$、$Na_2SiF_6$ 等难溶氟对磷石膏性能基本不产生影响。可溶氟会使建筑石膏促凝，使水化产物二水石膏晶体粗，晶体间的接合点减少，接合力削弱，致使其强度降低。它在石膏制品中将缓慢地与石膏发生反应，释放一定的酸性，含量低时对石膏制品的影响不大。

（3）磷矿石带入的有机物和磷酸生产时加入的有机絮凝剂使磷石膏中含有少量的有机物。有机物会使磷石膏胶结需水量增加，凝结硬化减慢，延长建筑石膏的凝结时间，削弱二水石膏晶体间的接合，使硬化体结构疏松，强度降低。此外，有机物还将影响石膏制品的颜色。

（4）磷石膏中碱金属主要以碳酸盐、磷酸盐、硫酸盐、氟化物等可溶性盐形式存在，含量（以 $Na_2O$ 计）在 0.05%~0.3% 范围。碱金属会削弱纸面石膏板芯材与面纸的黏结，对磷石膏胶结材有轻微促凝作用，对磷石膏制品强度影响较小。当磷石膏制品受潮时，碱金属离子会沿着硬化体孔隙迁移至表面，水分蒸发干后在表面析晶，使制品表面产生粉化和泛霜现象。

（5）磷石膏中含有 1.5%~7.0% 的 $SiO_2$，以石英形态为主，少量与氟配位形成 $Na_2SiF_6$。它们在磷石膏中为惰性，对磷石膏制品无危害。因其硬度较大，含量高时会对生产设备造成磨损。

（6）磷石膏中还含有少量的 $Fe_2O_3$、$Al_2O_3$、MgO，它们由磷矿石引入，降低磷酸收率，对二水石膏晶体形貌有所影响，是生产磷酸的有害杂质，但对磷石膏制品并无不良影响。而且以磷石膏制备Ⅱ型无水石膏（正交晶系的无水 $CaSO_4$）时它们有利于胶结材水化、硬化。

因此，可溶磷、可溶氟、共晶磷和有机物是磷石膏中主要有害杂质。

### 1.6.3.2 脱硫石膏

脱硫石膏又称排烟脱硫石膏、硫石膏或 FGD 石膏（Flue Gas Desulphurization Cypsum），是对含硫燃料（煤、油等）燃烧后产生的烟气进行脱硫净化处理而得到的工业副产石膏，属于化学石膏的一种。

世界各国对脱硫石膏的定义大体相同，这里列举两种典型的脱硫石膏定义。

欧洲对脱硫石膏的定义为：来自烟气脱硫工业的石膏是经过细分的湿态晶体，是高品位的二水硫酸钙（$CaSO_4 \cdot 2H_2O$）。

美国测试学会（ASTM）对脱硫石膏的定义为：脱硫石膏在烟气脱硫过程中产生，是一种化工副产品，主要由含两个结晶水的硫酸钙组成。

#### A 脱硫石膏的基本性质

脱硫石膏的外观：脱硫石膏为含有 10%~20% 左右游离水的潮湿、松散的细小颗粒，平均粒径约 40~60μm，颗粒呈短柱状，径长比在 1.5~2.5 之间，在扫描电镜下可观察到，脱硫石膏颗粒外形完整，水化后晶体呈柱状，结构紧密，其水化硬化体的表观密度较天然石膏硬化体大 10%~20%。脱硫正常时其产出的脱硫石膏颜色近乎白色微黄，有时脱硫不稳定带进较多的煤灰等杂质时颜色发黑。

脱硫石膏中二水硫酸钙含量较高，一般都在 90% 以上，含游离水一般在 10%~15%，其中还含有烟灰、有机碳、碳酸钙、亚硫酸钙以及由钠、钾、镁的硫酸盐或氯化物组成的可溶性盐等杂质。

脱硫石膏主要矿物相为二水硫酸钙，主要杂质为碳酸钙、氧化铝和氧化硅，其他成分有方解石或 α-石英、α-氧化铝、氧化铁和长石、方镁石等。

#### B 脱硫石膏与天然石膏比较

总体来讲，脱硫石膏作为石膏的一种，其主要成分和天然石膏一样，都是二水硫酸钙（$CaSO_4 \cdot 2H_2O$）。其物理、化学特征和天然石膏具有共同的规律，经过转化后同样可以得到五种形态和七种变体。脱硫石膏和天然石膏经过煅烧后得到的熟石膏粉和石膏制品在水化动力、凝结特性、物理性能上也无显著的差别。

但作为一种工业副产石膏，它具有再生石膏的一些特性，和天然石膏有一定的差异。在原始状态下，天然石膏粘合在一起，脱硫石膏以单独的结晶颗粒存在。脱硫石膏部分晶体内部有压力存在，而天然石膏主要以匀态存在。脱硫石膏杂质与石膏之间的易磨性相差较大，天然石膏经过粉磨后的粗颗粒多为杂质，而脱硫石膏粉磨后的粗颗粒多为石膏，细颗粒为杂质，其特征与天然石膏正好相反。在颗粒大小与级配方面，脱硫石膏的颗粒大小较为平均，其分布带很窄，颗粒主要集中在 30~60μm 之间，级配远远差于天然石膏磨细后的石膏粉。同时与天然石膏相比，脱硫石膏还具有纯度高、成分稳定、粒度小、有害杂质少等特点。

### 1.6.4　磷渣

化工企业采用磷矿石提取黄磷，在密封式电弧炉中，用焦炭和硅石分别作还原剂和成渣剂，使磷矿石中的钙和二氧化硅化合，高温熔融后，在炉前经过高压水骤冷淬后排放的粒状炉渣即为磷渣。通常每生产 1t 黄磷约产生 8~10t 磷渣，国内每年产生的磷渣超过 600万吨，但磷渣的总利用率只有 50%。大量磷渣的堆放和处理给磷化工企业带来很大的压力，如何有效利用磷渣，减少其长期堆放所占用的土地及对环境的污染是人们长期探索的课题。

#### 1.6.4.1　化学成分

各个生产厂家生产条件不一样，磷渣成分的波动较大。表 1-23 为国内 23 个厂家磷渣化学成分统计。磷渣的化学成分、玻璃相含量与矿渣接近，但是磷渣中的 $Al_2O_3$ 含量明显低于矿渣，这是导致磷渣的活性不如矿渣的原因之一。

表 1-23　磷渣的化学成分

| 成　分 | $SiO_2$ | $Al_2O_3$ | $Fe_2O_3$ | CaO | MgO | $P_2O_5$ | $F^-$ |
|---|---|---|---|---|---|---|---|
| 含量/% | 35.45~43.05 | 0.83~9.07 | 0.23~3.54 | 44.15~51.17 | 0.76~6.00 | 0.46~5.26 | 1.92~2.75 |

#### 1.6.4.2　矿物组成

水淬急冷后的磷渣，玻璃体含量高达 90%。潜在矿物组成为假硅灰石（$\alpha\text{-CaO} \cdot SiO_2$，$\beta\text{-2CaO} \cdot 5SiO_2 \cdot 3Al_2O_3$）、硅灰石（$3CaO \cdot 2SiO_2$）和枪晶石（$3CaO \cdot 2SiO_2 \cdot CaF_2$）。

#### 1.6.4.3　综合利用

磷渣的资源化利用途径广泛，但总体利用率不高，主要应用领域在水泥工业和混凝土中。磷渣应用在水泥、混凝土中能够显著改善水泥和混凝土的耐久性能，降低水泥和混凝土的生产成本。但磷渣在水泥和混凝土中的利用率却远不及粉煤灰和矿渣，磷渣的早期活性低是制约磷渣大量应用的主要原因。而且大部分磷渣的利用需要磨细，无形中增加了能耗。

磷渣也可以用来制砖、陶瓷、玻璃等。

### 1.6.5　电石渣

电石渣是电石水解获取乙炔气后的以氢氧化钙为主要成分的废渣。1t 电石加水可生成超过 300kg 乙炔气，同时生成 10t 含固量约 12% 的工业废液，俗称电石渣浆。

#### 1.6.5.1　化学成分

电石渣的代表性化学成分见表 1-24。

表 1-24　电石渣的化学成分

| 成　分 | $SiO_2$ | $Al_2O_3$ | $Fe_2O_3$ | CaO | MgO | 烧失量 |
|---|---|---|---|---|---|---|
| 含量/% | 7.90 | 0.50 | 0.96 | 63.93 | 1.27 | 24.30 |

#### 1.6.5.2　综合利用

干电石废渣中主要含 $Ca(OH)_2$，可以做消石灰的代用品，广泛用在建筑、化工、冶金、农业等行业。利用电石渣可以代替石灰石制水泥、生产生石灰用作电石原料、生产环氧丙烷和氯酸钾等化工产品、生产建筑材料及用于环境治理等。

但当电石废渣含水量大于50%时，其形态呈厚浆状，贮存、运输困难，给用户带来不便。很多厂还因其在运输途中污染路面而带来极大麻烦。因此，电石废渣综合利用的关键是控制含水量。

含一定水量的电石废渣及渗滤液是强碱性，也含有硫化物、磷化物等有毒有害物质。根据《危险废物鉴别标准》（GB 5085.7—2007），电石废渣属Ⅱ类一般工业固体废物，若直接排到海塘或山谷中，采用填海、填沟等有规则堆放时，根据《化工废渣填埋场设计规定》（HG 20504—92），对Ⅱ类一般工业固体废（物）渣，必须采取防渗措施并做填埋处置。

### 1.6.6　废催化剂

据统计，全世界每年产生的废催化剂约为50万~70万吨。我国2003年各类催化剂生产企业有100多家，生产能力约20万吨，实际产量为16.2万吨。1998~2003年我国催化剂产量年均增长率为22.9%。2003年我国催化剂产量在1000t以上的生产厂有20家，产量合计为13.9万吨，占我国催化剂总产量的85.8%。

近年来，由于我国石油和化学工业的迅速发展，催化剂的需求量不断增加，虽每年有2万~3万吨进口量，但却还在逐年上升。生产这些催化剂需要耗用大量的贵重金属、有色金属以及它们的氧化物。以往采用深埋等处理方法处理废催化剂，不仅污染环境，而且造成资源的浪费。为控制环境污染，合理利用资源，将废催化剂进行回收利用具有重要的意义。

#### 1.6.6.1　来源

很多有机和无机化学反应都依靠催化剂来提高反应速度，因此催化剂在石油和化学工业生产中得到了广泛的应用。例如，石油炼制工业中使用大量催化剂的生产过程有催化重整、催化裂化、加氢裂化、烷基化等；氮肥工业中合成氨过程使用催化剂的工序有有机硫转化、氧化锌脱硫、一段转化、二段转化、高温变换、低温变换、甲烷化、氨合成等；有机合成工业中合成羰基的铑催化剂、生产环氧乙烷的银催化剂、氨氧化法制丙烯腈的磷钼铋催化剂、乙炔法制氯乙烯的$HgCl_2$催化剂、异西醛加氢制异丁醇的镍催化剂、苯酐生产中的含钒催化剂等；化学纤维工业中对苯二甲酸二甲酯生产的钴、锰催化剂、己二胺（尼龙比盐）雷尼镍催化剂等；另外，在环境保护中也会使用大量催化剂，如有机废气催化、湿式空气催化氧化、超临界水催化氧化及汽车尾气催化氧化等过程。

催化剂使用一定时间后会失活、老化或中毒，使催化剂活性降低，这时就需将废旧催化剂更换为新催化剂，于是就产生大量的废催化剂。

#### 1.6.6.2　特点

石油和化工生产、环境保护中使用的催化剂，一般是将Pt、Co、Mo、Pd、Ni、Cr、Ph、Re、Ru、Ag、Bi、Mn等稀贵金属中的一种或几种担载在分子筛、氧化铝、活性炭、硅藻土及硅胶等载体上起催化作用。废催化剂具有如下特点：

（1）稀有贵金属含量虽很少，但仍有很高的回收利用价值。

（2）催化剂在使用过程中吸附一定量的污染物，给回收利用催化剂上的有价物质带来一定的困难。

（3）往往含有重金属，会对环境造成严重污染。

### 1.6.7　硼泥

硼泥是以硼矿石为原料生产硼砂和硼酸过程中产生的固体废物，生产 1t 硼砂大约产生 3~4t 硼泥。目前，未利用硼泥多达 2000 万吨以上。由于硼泥未经任何环保处理且露天排放，造成硼制品生产区的严重污染和自然灾害隐患。因此，开展硼泥高附加值综合利用研究意义重大。

#### 1.6.7.1　组成及性质

硼泥化学成分主要为 MgO、$SiO_2$，并含有一定量的 $Fe_2O_3$、$B_2O_3$ 和少量 CaO、$Al_2O_3$ 等，硼泥的主要化学成分见表 1-25。

表 1-25　硼泥的主要化学成分

| 成分 | MgO | $SiO_2$ | $B_2O_3$ | $Al_2O_3$ | TFe | FeO | CaO | $Na_2O$ | 烧失量 | 总量 |
| --- | --- | --- | --- | --- | --- | --- | --- | --- | --- | --- |
| 硼泥 | 38.85 | 26.71 | 3.11 | 1.31 | 5.85 | 0.98 | 0.86 | 1.40 | 19.51 | 99.78 |

硼泥的主要矿物组成为含铁的镁橄榄石 $[2(Mg,Fe)O \cdot SiO_2]$、蛇纹石、菱镁石、石英、斜长石、钾长石、磁铁矿以及一些非晶质颗粒。硼以微量存在于其他矿物中，不形成独立的含硼矿物。高温煅烧后的硼泥的主要矿物组成为橄榄石、方镁石及少量的铁酸镁。工厂以湿排方式排放的硼泥中含水率在 30%~35%，呈泥状物，潮湿时呈棕褐色，粒度较细，有较好的可塑性，干燥后结成泥块，但极易破碎和磨细。其主要物理性能指标如下：干容重为 1200~1250kg/m³；湿容量为 1500~1700kg/m³；密度为 2.85~2.95g/cm³；pH≈9.8；可塑性指标为 2.5~3.0。

#### 1.6.7.2　用途

硼泥可以用来生产混凝土、做烧结砖、配制水泥砂浆、制备微晶玻璃、制造泡沫玻璃和泡沫锦砖及耐火陶粒等。将硼泥用作烧结配料可提高烧结矿的强度和产量。硼泥作为絮凝剂用于污水处理，能有效去除污水中的 $Cr^{3+}$，有效降低污水 COD、色度和浊度等。但上述研究多处于实验室研究阶段，且由于硼泥成分复杂，具有工业化前景的综合利用技术尚待开发。

硼泥中 MgO 和 $SiO_2$ 含量较高，可从中回收镁、硅有价组分制成高附加值的轻质氧化镁和白炭黑。目前，有关硼泥综合利用的研究中，多重视对硼泥中镁组分的回收。如采用酸溶液作浸提剂回收硼泥中的镁；采用硼泥酸化、净化、碳化和焙烧制备轻质氧化镁等。由于上述研究均未对硼泥中 $SiO_2$ 加以综合回收，因此导致大量硅质废弃物被排放。

另外，硼泥可以不经活化焙烧预处理综合回收镁、硅组分。有研究表明，硼泥中 $SiO_2$ 与 MgO 的最大浸出率分别可达 88.46% 和 93.63%。由于硼泥中含水率较高（平均为 3.66%）且含有大量碳酸盐，经焙烧预处理可改变硼泥矿物组成和微观结构，提高反应活性，有望进一步提高硅、镁组分的浸出率。

### 1.6.8 氰化尾渣

氰化尾渣是氰化提金工艺中产生的尾渣。氰化提金具有回收率高、工艺成熟、成本低廉等优点，在黄金提取行业逐步占主导地位。在 21 世纪初，世界上 90%的金矿都采用氰化法提金，我国使用氰化提金法的选金厂达到了 80%以上。但是，氰化提金法的缺点之一就是产生大量的氰化尾渣。据统计，我国黄金矿山每年的氰化尾渣排放量达到 2000 万吨以上。随着可开采的含金矿石品位越来越低，生产同样量的黄金将产生更多的氰化尾渣。

由于冶金技术的限制，我国的氰化尾渣中往往含有可回收利用的有价元素，如金、银、铜、铅、锌、硫、铁等，若不加以利用，只能造成资源的浪费。从 20 世纪末研究人员就开始对氰化尾渣进行探索，以期实现资源的最大化利用。至今为止，加强对这些固体尾渣的重视，把氰化尾渣作为二次资源再开发利用，减少氰化尾渣对环境的危害，仍然是一项重要课题。

#### 1.6.8.1 分类

根据目前黄金企业常用的氰化提金的工艺和所用的原料，可将氰化尾渣分为以下几种：

（1）全泥氰化尾渣。这类氰化尾渣来源于"含金矿石—氰化"工艺。其原料主要是含金氧化矿，有的原料也含有少量硫化矿，但是含硫量低于 10%。全泥氰化尾渣含脉石较多，有的全泥氰化尾渣残留未解离的金、银等有价元素，可进一步回收利用。

（2）焙烧氰化尾渣。这类氰化尾渣主要来源于"含金矿石—焙烧—氰化"工艺。这类焙烧氰化尾渣可能含有残留的铜、铅、锌、金、银等有价元素。

（3）金精矿氰化尾渣。这类氰化尾渣来源于"含金硫化矿—浮选—氰化"工艺。经过浮选后的硫精矿含硫在 10%~35%。这类氰化尾渣产量较多，而且含有硫、铁、铜、铅、锌、金、银等多种有价元素。

#### 1.6.8.2 组成

A 化学组成

氰化尾渣的组成和矿物来源有关，不同产地的氰化尾渣在元素组成和含量上会有所差别，但其主要元素是 S、Fe、Ca、Mg、Si、Al。有的氰化尾渣中含有少量的有价元素 Cu、Pb、Zn、Au 等。表 1-26 为我国几个冶金厂产出的氰化尾渣的化学组成。可以看出，全泥氰化尾渣的有价元素含量较低，而金精矿氰化尾渣含有较多的 S 和 Fe，Cu、Pb、Zn、Au 也达到可回收利用的含量。

表 1-26　我国氰化尾渣的化学组成具体实例　　　　　　　　　　　（%）

| 种类 | S | Fe | Si | Ca | Mg | Al | Cu | Pb | Zn | Au /g·t$^{-1}$ | Ag /g·t$^{-1}$ |
|------|---|----|----|----|----|----|----|----|----|------|------|
| 马来西亚细粒氧化渣 | 1.16 | 7.50 | 35.20 | 3.09 | 3.36 | 7.32 | 0.05 | 0.13 | 0.72 | 0.80 | 10.06 |
| 新疆细粒氧化渣 | 4.31 | 9.32 | 32.48 | 1.19 | 2.53 | 3.55 | 0.29 | 0.27 | 0.66 | 0.65 | 6.20 |
| 福建金精矿氧化渣 | 22.35 | 20.86 | 20.68 | 2.62 | 1.55 | 0.31 | 0.12 | 0.08 | 0.15 | 3.53 | 25.87 |

| 种　类 | S | Fe | Si | Ca | Mg | Al | Cu | Pb | Zn | Au /g·t$^{-1}$ | Ag /g·t$^{-1}$ |
|---|---|---|---|---|---|---|---|---|---|---|---|
| 广东金精矿氧化渣 | 13.48 | 15.36 | 21.28 | 0.88 | 0.88 | 7.07 | 2.50 | 0.31 | 0.23 | 2.68 | 30.00 |
| 山东金精矿氧化渣 | 23.50 | 24.80 | 34.13 | 1.22 | 0.47 | 3.21 | 0.24 | 0.22 | 0.35 | 0.93 | 18.41 |

B　矿物组成

氰化尾渣中 S 和 Fe 主要存在于黄铁矿矿物中，Ca、Mg、Al 等元素主要存在于硅酸盐和碳酸盐脉石类矿物中，Si 主要存在于石英和硅酸盐中，Cu、Pb、Zn 主要以硫化物的形式存在，而 Au、Ag 大部分嵌布在硫化物矿物中，少量嵌布在氧化物中。以山东某金精矿氰化尾渣为例，通过矿物鉴定可测出该尾渣中主要含黄铁矿、石英、白云母、斜长石。黄铜矿、方铅矿、闪锌矿含量很少。氰化尾渣的扫描电镜图显示氰化尾渣颗粒呈扁形、不规则多边形、圆形，并且大多数颗粒小于 20μm，说明氰化尾渣颗粒不均匀，粒度很细。

1.6.8.3　特点

从不同的黄金冶炼企业产生的氰化尾渣性质来看，可以总结出氰化尾渣有如下几个特点：

（1）进入尾矿库的氰化尾渣一般含水量在 20% 左右，pH 值在 8~10 之间。浮选前需要调浆。

（2）氰化尾渣含有残留的氰化物，含量在 100~400mg/L 之间。这些氰化物有的以金属氰络合物的形式存在，有的以游离的氰根形式存在。作者在实验室中以山东某金矿厂提供的氰化尾渣为原料，采用硝酸银滴定法测定浮选矿浆中氰根的含量约为 407mg/L。

（3）氰化尾渣含有残留的起泡剂。用氰化尾渣直接做浮选试验，能看到明显的起泡现象。

（4）氰化尾渣经过长时间的氰化浸金操作，矿物的表面发生改变，浮选性质与未浸金之前截然不同。

# 1.7　城市建筑垃圾

建设部颁布的《城市垃圾产生源分类及垃圾排放》（CJ/T 3033—1996）将城市垃圾按其产生源分为九类，这些产生源包括居民垃圾产生场所、清扫垃圾产生场所、商业单位、行政事业单位、医疗卫生单位、交通运输垃圾及产生场所、建筑装修场所、工业企业单位和其他垃圾产生场所。建筑垃圾即为在建筑装修场所产生的城市垃圾，实际工作中建筑垃圾通常与工程渣土归为一类。根据建设部 2003 年 6 月颁布的《城市建筑垃圾和工程渣土管理规定（修订稿）》，建筑垃圾、工程渣土，是指建设、施工单位或个人对各类建筑物、构筑物等进行建设、拆迁、修缮及居民装饰房屋过程中所产生的余泥、余渣、泥浆及其他废物。

我国工业化和城市化进程逐渐加快，随之产生的建筑垃圾日益增多。目前我国是世界上城市建设规模最大的国家，据估计我国每年城市建设产生垃圾约为 60 亿吨，其中建筑垃圾约为 24 亿吨，已占到城市垃圾总量的 40%。而且如果采取填埋处理措施，每万吨建筑垃圾约占用填埋场 1 亩的土地，则每年将毁坏土地 24 万亩，显然城市垃圾的处理问题将是城市建设过程中需要重点攻克的难题。表 1-27 给出了北京、上海、广州、香港 4 个大城市 1994 年以来建筑垃圾总量。

表 1-27　北京、上海、广州、深圳建筑垃圾统计总量　　　　　（万吨）

| 城　　市 | 最小值 | 最大值 | 均值 | 标准差 |
|---|---|---|---|---|
| 北京 | 2400.00 | 4000.00 | 3472.00 | 483.31 |
| 上海 | 100.70 | 4052.00 | 1821.06 | 715.74 |
| 广州 | 624.05 | 2000.00 | 1063.56 | 424.43 |
| 香港 | 843.30 | 2145.00 | 1361.84 | 400.62 |

资料显示，2005 年，全国城市建筑垃圾排放总量超过 4 亿吨；2006 年，仅上海市建筑垃圾产生量就达 2500 万吨。2005 年 6 月 1 日，建设部颁布了《城市建筑垃圾管理规定》，标志着我国建筑垃圾处理已步入规范管理的轨道。在城市建设过程中产生的垃圾相对比较集中，而且产量较大，为回收利用及处理增加了难度。表 1-28 和表 1-29 分别从城市建筑垃圾的来源以及物理成分方面总结了其特点，表 1-30 给出了不同结构形式的建筑工地中建筑施工垃圾的组成比例和单位建筑面积产生垃圾量。

表 1-28　建筑垃圾来源及分类

| 类　别 | 特　征　物　质 | 特　　点 |
|---|---|---|
| 基坑弃土 | 弃土分为表层土和深层土 | 产生量大，物理组成相对简单，产生时间集中，污染性小 |
| 道路及建筑等拆除物 | 沥青混凝土、混凝土、旧砖瓦及水泥制品、破碎砌块、瓷砖、石材、废钢筋、废旧装饰材料、建筑构件、废弃管线、塑料、碎木、废电线、灰土等 | 其物理组成与拆除物的类别有关，成分复杂，具有可利用性和污染性强双属性 |
| 建筑弃物 | 主要为建材弃物，有废砂石、废砂浆、废混凝土、破碎砌块、碎木、非金属、废建筑包装等 | 建材弃料的产生伴随整个施工过程，其产生量与施工管理和工程规模有关 |
| 装修弃物 | 拆除的旧装饰材料、旧建筑拆除物及弃土、建材弃料、装饰弃料、废弃包装等 | 成分复杂，可回收和再生利用物较多，污染性相对较强 |
| 建材废品废料 | 建材生产过程中及配送过程中生产的废弃物料、不合格产品等 | 其物理组成与产品相关，可通过优化生产工艺和提高管理水平减少产生量 |

表 1-29　建筑垃圾物理成分分类

| 类　别 | 污　染　特　性 | 处置及利用 |
|---|---|---|
| 弃土 | 扬尘和占用大量土地，影响市容 | 可采用直接填埋处置法，多用于填坑、覆盖、造景等 |
| 混凝土碎块 | 有一定化学污染，有扬尘，影响市容 | 不可用直接填埋法处置，可再生利用 |
| 废混凝土 | 有一定化学污染，有扬尘，影响市容 | 不可用直接填埋法处置，可再生利用 |
| 废砂浆 | 有一定化学污染 | 不可用直接填埋法处置 |

续表 1-29

| 类 别 | 污 染 特 性 | 处 置 及 利 用 |
|---|---|---|
| 沥青混凝土碎块 | 有一定化学污染，有扬尘，影响市容 | 不可用直接填埋法处置，可再生利用 |
| 废砖 | 扬尘和占用土地，影响市容 | 不可用直接填埋法处置，可再生利用 |
| 废砂石 | 扬尘和占用土地，影响市容 | 不可用直接填埋法处置，也可集中存放，作为适用工程备料 |
| 木材 | 有一定的生物污染，影响市容 | 焚烧处理或利用 |
| 塑料、纸 | 混入农田影响耕种和作物生长，影响市容 | 焚烧处理，可再生利用 |
| 石膏和废灰浆 | 化学污染严重，影响市容 | 不可用直接填埋法处置 |
| 废钢筋等金属 | 有一定的化学污染 | 可再生利用 |
| 废旧包装 | 有一定的化学污染 | 可回收利用和再生利用 |

表 1-30　不同结构形式的建筑工地中建筑施工垃圾的组成比例和单位建筑面积产生垃圾量

| 垃圾组成 | 所占比例/% | | |
|---|---|---|---|
| | 砖混结构 | 框架结构 | 框架-剪力墙结构 |
| 碎砖（碎砌块） | 30~50 | 15~30 | 10~20 |
| 砂浆 | 8~15 | 10~20 | 10~20 |
| 混凝土 | 8~15 | 15~30 | 15~35 |
| 桩头 | — | 8~15 | 8~20 |
| 包装材料 | 5~15 | 5~20 | 10~15 |
| 屋面材料 | 2~5 | 2~5 | 2~5 |
| 钢材 | 1~5 | 2~8 | 2~8 |
| 木材 | 1~5 | 1~5 | 1~5 |
| 其他 | 10~20 | 10~20 | 10~20 |
| 合计 | 100 | 100 | 100 |
| 单位建筑面积产生垃圾量/kg·m$^{-2}$ | 50~200 | 45~150 | 40~150 |

　　城市建筑垃圾最大的来源是新建住宅和旧城改造工程。据统计，我国每年新建住宅所产生的建筑垃圾达到 4000 万吨以上，每年旧城改造至少拆除 3000 万~4000 万平方米的旧建筑，大批建筑垃圾管理机制松弛，为节省运输费用，大多露天放置或到郊区填埋，严重破坏了耕地和自然环境。不少城市近郊农村因城市建筑垃圾的不当倾倒导致河道堵塞，活水变成死水，影响了附近居民的饮用水安全，也危害了附近居民的饮用水安全，也危害了附近农田的灌溉系统。

——————— **本 章 小 结** ———————

本章介绍了矿业、冶金、能源、化工、建筑等行业典型二次资源的行业状况,详细论述了其产生、化学组成、矿物成分、物理化学性质和分类状况,并对其资源综合利用途径给予简要分析。

**习 题**

1-1 典型大宗无机非金属二次资源有哪些类别,其来源分别是什么,化学成分、矿物组成、物理化学性质如何?

1-2 谈谈对无机非金属二次资源的理解与认识。

**2** **无机非金属资源在水泥工业应用**

**本章提要：**
（1）了解水泥的种类、原料、性能及用途等。
（2）掌握无机非金属资源在水泥工业方面的应用，并举例介绍。

# 2.1　水泥工业概述

凡细磨成粉末状，加入适量水后可成为可塑性浆体，既能在空气中硬化，又能在水中继续硬化，并能将砂石等材料胶结在一起的水硬性胶凝材料，统称为水泥。

## 2.1.1　水泥的种类

水泥的种类很多，按其用途和性能，可分为通用水泥、专用水泥和特性水泥三大类。通用水泥为用于大量土木建筑工程一般用途的水泥，如硅酸盐水泥、矿渣硅酸盐水泥等；专用水泥则指有专门用途的水泥，如油井水泥、砌筑水泥、道路水泥等；特性水泥是指某种性能比较突出的水泥，如抗硫酸盐硅酸盐水泥、低热硅酸盐水泥等。也可按其组成分为硅酸盐水泥、铝酸盐水泥、硫酸盐水泥、铁铝酸盐水泥、氟铝酸盐水泥等。目前，水泥品种已达 100 余种。

## 2.1.2　通用水泥

通用水泥主要是指 GB 175—2007、GB 1344—1999 和 GB 12958—1999 规定的六大类水泥，即硅酸盐水泥、普通硅酸盐水泥、矿渣硅酸盐水泥、火山灰质硅酸盐水泥、粉煤灰硅酸盐水泥和复合硅酸盐水泥。

（1）硅酸盐水泥：由硅酸盐水泥熟料、0%～5%石灰石或粒化高炉矿渣、适量石膏磨细制成的水硬性胶凝材料，称为硅酸盐水泥，代号：P. I、P. II，即国外通称的波特兰水泥。

（2）普通硅酸盐水泥：由硅酸盐水泥熟料、6%～20%混合材料，适量石膏磨细制成的水硬性胶凝材料，称为普通硅酸盐水泥（简称普通水泥），代号：P. O。

（3）矿渣硅酸盐水泥：由硅酸盐水泥熟料、20%～70%粒化高炉矿渣和适量石膏磨细制成的水硬性胶凝材料，称为矿渣硅酸盐水泥，代号：P. S。

（4）火山灰质硅酸盐水泥：由硅酸盐水泥熟料、20%～40%火山灰质混合材料和适量石膏磨细制成的水硬性胶凝材料，称为火山灰质硅酸盐水泥，代号：P. P。

（5）粉煤灰硅酸盐水泥：由硅酸盐水泥熟料、20%～40%粉煤灰和适量石膏磨细制成的水硬性胶凝材料，称为粉煤灰硅酸盐水泥，代号：P.F。

（6）复合硅酸盐水泥：由硅酸盐水泥熟料、20%～50%两种或两种以上规定的混合材料和适量石膏磨细制成的水硬性胶凝材料，称为复合硅酸盐水泥（简称复合水泥），代号：P.C。

### 2.1.3 水泥的产量及用途

水泥是基本建设中最重要的建筑材料之一。随着现代化工业的发展，它在国民经济中的地位日益提高，应用也日益广泛。水泥与砂、石等集料制成的混凝土是一种低能耗、低成本的建筑材料；新拌水泥混凝土有很好的可塑性，可制成各种形状的混凝土构件；水泥混凝土材料强度高、耐久性好、适应性强。目前水泥已广泛应用于工业建筑、民用建筑、水工建筑、道路建筑、农田水利建设和军事工程等方面。由水泥制成的各种水泥制品，如轨枕、水泥船和纤维水泥制品等广泛用于工业、交通等部门，在代钢、代木方面，也越来越显示出技术经济上的优越性。

由于钢筋混凝土、顶应力钢筋混凝土和钢结构材料的混合使用，才有高层、超高层、大跨度以及各种特殊功能的建筑物。新的产业革命，又为水泥行业提出了扩大水泥品种和扩大应用范围的新课题。开发占地球表面71%的海洋是人类进步的标志，而海洋工程的建造，如海洋平台、海洋工厂，其主要建筑材料就是水泥。水泥工业的发展对保证国家建设计划的顺利进行起着十分重要的作用。

1824年，英国工程师阿斯普丁获得第一份水泥专利——波兰特水泥，标志着水泥的发明。自1950年起，随着发展中国家水泥产量的增加，世界水泥产量稳步增长。进入21世纪，水泥产量更上台阶。图2-1显示了2005～2018年14年间世界水泥产量变化。表2-1显示了2018年世界主要国家的水泥产量。其中，世界总产量为39.5亿吨，中国水泥产量为22.1亿吨，占全球比重为55.95%。

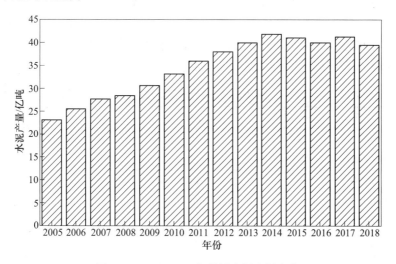

图2-1　2005～2018年世界水泥产量变化

表 2-1　2018 年世界主要国家的水泥产量

| 国家和地区 | 水泥产量/亿吨 |
| --- | --- |
| 中国 | 22.1 |
| 印度 | 2.9 |
| 美国 | 0.885 |
| 土耳其 | 0.84 |
| 巴西 | 0.52 |
| 俄罗斯 | 0.55 |
| 印尼 | 0.67 |
| 伊朗 | 0.53 |
| 韩国 | 0.56 |
| 埃及 | 0.55 |
| 日本 | 0.555 |
| 沙特 | 0.45 |
| 其他 | 8.39 |
| 世界总量 | 39.5 |

# 2.2　水 泥 组 成

## 2.2.1　水泥熟料

水泥的组成有：水泥熟料、石膏、混合材（如矿渣、粉煤灰、炉渣、脱硫石膏、工业废渣等）。烧制水泥熟料的原料有：钙质原料（如石灰石）、硅质原料（如砂岩、硅石）、铝质原料（如粉煤灰、铝矾土）及铁质原料（如铁矿石、硫酸渣、铜渣）。

水泥熟料的主要成分是硅酸三钙（$3CaO \cdot SiO_2$，简称 $C_3S$）、硅酸二钙（$2CaO \cdot SiO_2$，简称 $C_2S$）、铝酸三钙（$3CaO \cdot Al_2O_3$，简称 $C_3A$）、铁铝酸四钙（$4CaO \cdot Al_2O_3 \cdot Fe_2O_3$，简称 $C_4AF$），它们的不同含量决定着水泥具有不同的物理性质与化学性质。表 2-2 列出了硅酸盐水泥的成分。

表 2-2　硅酸盐水泥的成分　　　　　　　（%）

| 类　别 | 质量分数 | 质量分数范围 |
| --- | --- | --- |
| $3CaO \cdot SiO_2$ | 65 | 40~80 |
| $2CaO \cdot SiO_2$ | 15 | 10~50 |
| $3CaO \cdot Al_2O_3$ | 10 | 0~15 |
| $4CaO \cdot Al_2O_3 \cdot Fe_2O_3$ | 10 | 0~20 |
| CaO | 1 | 0~3 |
| MgO | 2 | 0~5 |
| $K_2SO_4$ | 1 | 0~2 |
| $Na_2SO_4$ | 0.5 | 0~1 |

水泥熟料的四种矿物中，硅酸钙矿物（包括 $C_3S$、$C_2S$）是主体强度矿物成分，占 70%以上。$C_3S$ 与水起化学变化的速度很快，是决定水泥 28 天内强度高低的主要因素；$C_2S$ 与水起化学变化的速度比 $C_3S$ 慢些，但是水泥后期强度的增长全依赖它；$C_3A$ 与水起化学变化的速度最快，是决定水泥 3 天内强度高低的主要因素，但它的含量不能过多，过多则使水泥水化时急速凝结硬化，造成施工困难；$C_4AF$ 与水起化学变化后强度不高，其水化物没有胶凝性，但它在水泥熟料烧制过程中，能在烧成阶段时熔化成液体，使 $C_2S$ 和 CS 容易变成 $C_3S$。

水泥拌和水后，四种主要熟料矿物与水反应。分述如下：

（1）硅酸三钙水化。硅酸三钙在常温下的水化反应生成水化硅酸钙（C-S-H 凝胶）和氢氧化钙。$3CaO \cdot SiO_2 + nH_2O = xCaO \cdot SiO_2 \cdot yH_2O + (3-x)Ca(OH)_2$。

（2）硅酸二钙的水化。$\beta$-$C_2S$ 的水化与 $C_3S$ 相似，只不过水化速度慢而已。$2CaO \cdot SiO_2 + nH_2O = xCaO \cdot SiO_2 \cdot yH_2O + (2-x)Ca(OH)_2$，所形成的水化硅酸钙在 C/S 和形貌方面与 $C_3S$ 水化生成的都无大区别，故也称为 C-S-H 凝胶。但氢氧化钙生成量比 $C_3S$ 的少，结晶却粗大些。

（3）铝酸三钙的水化。铝酸三钙的水化迅速，放热快，其水化产物组成和结构受液相 CaO 浓度和温度的影响很大，先生成介稳状态的水化铝酸钙，最终转化为水石榴子石（$C_3AH_6$）。在有石膏的情况下，$C_3A$ 水化的最终产物与石膏掺入量有关。最初形成的三硫型水化硫铝酸钙，简称钙矾石，常用 AFt 表示。若石膏在 $C_3A$ 完全水化前耗尽，则钙矾石与 $C_3A$ 作用转化为单硫型水化硫铝酸钙（AFm）。

（4）铁铝酸四钙的水化。$C_4AF$ 的水化速率比 $C_3A$ 略慢，水化热较低，即使单独水化也不会引起快凝。其水化反应及其产物与 $C_3A$ 很相似。

一般说来，硅酸盐水泥熟料中的化学成分和矿物组成的大致范围为：$SiO_2$ 19%~23%、CaO 62%~67%，$Al_2O_3$ 5%~7%、$Fe_2O_3$ 3%~6%；$C_3S$ 44%~65%、$C_2S$ 18%~30%、$C_3A$ 5%~10%、$C_4AF$ 10%~15%。可见，Ca 和 Si 两个元素在水泥熟料中占了主要成分，尤其是 Ca 元素，在 4 个矿物中占了非常重要的地位。如熟料矿物组成中 $C_3S$ 低于 40%，水泥的强度就要受到很大的影响。在一定范围内，$C_3S$ 高是熟料矿物组成所希望的。$C_3S$ 与 $C_2S$ 两类矿物中，在配方要求上一般不宜使 $C_2S$ 超过 $C_3S$，否则强度会大幅度降低。所以在水泥原料中，一要保证 Ca、Si 的含量，重要的是保证 CaO>64%以上；二要保证 $C_3S$ 含量高于 $C_2S$；同时还要保证 $SiO_2$ 的活性，如果 $SiO_2$ 没有很好的活性，虽理论计算达到 $C_3S$ >$C_2S$，但实际 $SiO_2$ 不能同 CaO 很好反应，使 $C_3S$ 实际不足，强度便不好，所以熟料中 $C_3S$ 最好保持在 50%~67%。这就说明，如何选择 Ca 质原料和 Si 质原料，是水泥烧成节能、降本、增产的关键。

生料中 $Al_2O_3$ 的含量对水泥熟料的煅烧及性能具有较大的影响。生料中 $Al_2O_3$ 的含量提高（如掺加铝矾土），会使熟料的 $Al_2O_3$ 含量有所提高，在细度和比表面积基本相同的情况下，随着熟料中 $Al_2O_3$ 含量的提高，其凝结时间明显缩短，3 天强度略有提高，28 天强度基本不变，说明生料中掺加适量铝矾土后，由于 $Al_2O_3$ 含量的提高，对缩短熟料的凝结时间和提高其早期强度起到一定的作用。

### 2.2.2 水泥混合材料

在生产水泥时，为改善水泥性能、调节水泥标号而加到水泥中去的人工的和天然的矿物材料，称为水泥混合材料。

水泥混合材料通常分为活性混合材料（水硬性混合材料）和非活性混合材料（填充性混合材料）两大类。

#### 2.2.2.1 活性混合材料

活性混合材料指具有火山灰性或潜在水硬性的混合材料，以及兼有火山灰性和潜在水硬性的矿物质材料。活性混合材料主要包括粒化高炉矿渣、火山灰质混合材料和粉煤灰等。

火山灰性，是磨细的上述矿物料加水拌成浆体，单独不具水硬性，但在常温下加入少量石灰 $Ca(OH)_2$ 与之拌成浆体，能形成具有水硬性化合物的性能，如火山灰、粉煤灰等。

潜在水硬性，是磨细的上述矿物料，只需加入少量激发剂的激发条件下，即可利用自身溶出的化学成分，生成具有水硬性的化合物的性能，如粒化高炉矿渣。常用的激发剂有两类：碱性激发剂（硅酸盐水泥熟料和石灰）；硫酸盐激发剂（各类天然石膏和以 $CaSO_4$ 为主要成分的化工副产品，如磷石膏、氟石膏等）。

**A　火山灰质混合材**

凡天然的及人工的以氧化硅、氧化铝为主要成分的矿物质原料，磨成细粉加水后并不硬化，但与石灰混合后再加水拌和，则不但能在空气中硬化，而且能在水中继续硬化者称为火山灰质混合材。

火山灰质混合材可分为天然的和人工的两类。

（1）天然火山灰质混合材可分为火山生成的和沉积生成的两种。火山生成的主要有火山灰、火山凝灰岩、浮石等；沉积生成的主要有硅藻土、硅藻石及蛋白石等。这些物质不论其名称如何，化学成分都相似，含有大量的酸性氧化物，$SiO_2 + Al_2O_3$ 含量占 75% ~ 85%，甚至更高，而 $CaO$ 和 $Fe_2O_3$ 含量都较低。

（2）人工火山灰质混合材主要有烧黏土、活性硅质渣、粉煤灰和烧页岩等，这类混合材以黏土煅烧分解形成可溶性无定形 $SiO_2$ 和 $Al_2O_3$ 为主要活性成分。

**B　粉煤灰**

粉煤灰是燃煤发电厂电收尘器收集的细灰，实际上它也属于具有一定活性的火山灰质混合材，故其水硬性原理与火山灰质混合材料相同。粉煤灰掺入水泥中具有改善和易性，提高水泥石密实度的作用。

**C　粒化高炉矿渣**

粒化高炉矿渣是炼铁高炉的熔融矿渣经水淬急冷形成的疏松颗粒，其粒径为 0.5 ~ 5mm。粒化高炉渣的结构为不稳定的玻璃体，具有较高的潜在化学活性，其活性成分为活性氧化硅和活性氧化铝，故在激发剂的作用下具有水硬性。

#### 2.2.2.2 非活性混合材料

非活性混合材料是指在水泥中主要起物理性填充作用而又不损害水泥性能的矿物质材料。它们与水泥成分不起化学作用或化学作用很小，掺入硅酸盐水泥中仅起提高水泥产量和降低水泥强度、减少水化热等作用。当采用高强度等级水泥拌制强度较低的砂浆或混凝土时，可掺入非活性混合材料以代替部分水泥，起到降低成本及改善砂浆或混凝土和易性的作用。磨细的石英砂、石灰石、黏土、慢冷矿渣及各处废渣等属于此类。

### 2.2.3 石膏

生产石膏的原料主要为含硫酸钙的天然石膏（又称生石膏）或含硫酸钙的化工副产品和磷石膏、氟石膏、硼石膏等废渣，化学式为 $CaSO_4 \cdot 2H_2O$，也称二水石膏。

石膏作用及缓凝机理：

水泥生产的最后一道工序是水泥熟料与石膏一起粉磨，其中石膏（$CaSO_4 \cdot 2H_2O$）一般添加 5% 左右（折合 $SO_3$ 为 1%～3%），是起缓凝作用的。水泥中矿物铝酸三钙（$C_3A$）水化速度非常快，如果不加石膏缓凝，水泥的凝结时间会非常短甚至发生闪凝。

石膏之所以能够缓凝，是因为二水硫酸钙能够快速溶解，并迅速与铝酸三钙水化产生的凝胶反应生成钙矾石，包裹在铝酸三钙矿物颗粒的表面，起到隔离水的作用，从而延缓铝酸三钙的进一步水化反应。

# 2.3 水泥工业用无机非金属资源

### 2.3.1 高炉渣

高炉渣分为水渣、重矿渣和膨珠，目前水渣主要作为水泥生产的原料。

利用粒化高炉渣生产水泥是国内外普遍采用的技术。在苏联和日本，50% 的高炉渣用于水泥生产。我国约有 3/4 的水泥中掺有粒化高炉渣。在水泥生产中，高炉渣已成为改进性能、扩大品种、调节标号、增加产量和保证水泥安全性合格的重要原材料。高炉渣既可以作为水泥混合材料使用，也可以制成无熟料水泥。目前，我国利用高炉渣生产的水泥主要有普通硅酸盐水泥、矿渣硅酸盐水泥、石膏矿渣水泥和石灰矿渣水泥。

（1）普通硅酸盐水泥。普通硅酸盐水泥是由硅酸盐水泥熟料、少量高炉水渣和 3%～5% 的石膏共同磨制而成的一种水硬性胶凝材料。高炉水渣的掺量按质量百分比计不超过 15%。符合国标规定的水渣可作为活性混合材料，这种水泥质量好、用途广。

（2）矿渣硅酸盐水泥。矿渣硅酸盐水泥简称矿渣水泥，是我国水泥产量最大的水泥品种。它是由硅酸盐水泥熟料和粒化高炉渣加 3%～5% 的石膏，经混合、磨细或分别磨细后加以混合均匀制成的水硬性胶凝材料，其生产工艺流程如图 2-2 所示。水渣的加入量应根据所产生的水泥标号而定，一般为 20%～70%（质量分数），由于这种水泥配渣量大，被广泛采用。目前，我国大多数水泥厂采用 1t 水渣与 1t 水泥熟料加适量石膏来生产 400 号以上的矿渣硅酸盐水泥。矿渣硅酸盐水泥与普通水泥相比具有如下特点：

1）具有较强的抗溶出性和抗硫酸盐侵蚀性能，故能适用于水上工程、海港及地下工程等，但在酸性水及镁盐的水中，矿渣水泥的抗侵蚀性比普通水泥差。

2）水化热较低，适合于浇筑大体积混凝土。

3）耐热性能强，使用在高温车间及高炉基础等容易受热的地方比普通水泥好。

4）早期强度低，而后期强度增长率高，所以在施工时应注意早期养护。

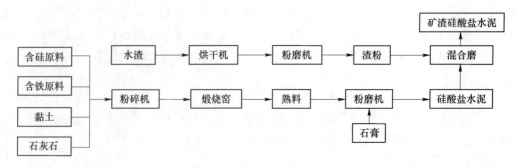

图 2-2　矿渣硅酸盐水泥生产工艺

5）在循环受干湿或冻融作用条件下，其抗冻性能不如硅酸盐水泥，所以不适宜用在水位时常变动的水工混凝土建筑中。

（3）石膏矿渣水泥。石膏矿渣水泥是一种将干燥的水渣和石膏、硅酸盐水泥熟料或石灰，按照一定的比例混合磨细或者分别磨细后再混合均匀得到的水硬性胶凝材料，也称为硫酸盐水泥。在配置石膏矿渣水泥时，高炉水渣是主要的原料，一般配入量可高达80%左右。石膏在石膏矿渣水泥中属于硫酸盐激发剂，它的作用在于提供水化时所需的硫酸钙成分，激发矿渣的活性，一般石膏的加入量以15%为宜。少量硅酸盐水泥熟料或石灰则属于碱性激发剂，对矿渣起碱性活化作用，能促进铝酸钙和硅酸钙的水化。在一般情况下，如用石灰作碱性激发剂，其掺入量在5%以下，最大不超过8%。这种石膏矿渣水泥有较好的抗硫酸盐侵蚀性能和抗渗透性能，但周期强度低，易风化起砂，适用于混凝土的水工建筑物和各种预制砖块。

（4）石灰矿渣水泥。石灰矿渣水泥是一种将干燥的粒化高炉矿渣、生石灰或消石灰以及5%以下的天然石膏，按适当比例配合、磨细而成的水硬性胶凝材料。石灰的加入量一般为10%~30%，它的作用是激发矿渣中的活性成分，生成水化铝酸钙和水化硅酸钙。石灰加入量太少，矿渣中的活性成分难以充分激发；加入量太多，则会使水泥凝结不正常、强度下降和安定性不良。石灰的加入量往往随原料中氧化铝含量的高低而增减，氧化铝含量高或氧化钙含量低时应多加石灰，通常在12%~20%范围内配制。石灰矿渣水泥可用于蒸汽养护的各种混凝土预制品，水中、地下、路面等的无筋混凝土以及工业与民用建筑砂浆。

此外，高炉渣还可替代黏土用作水泥熟料的原料，只需在配料时加入适量的石灰石及铁粉，就可符合水泥熟料化学组成的要求。当其用作水泥原料再次煅烧时，可以大大缩减熟料的烧成时间，减少燃料消耗，同时也能提高熟料质量。

## 2.3.2　钢渣

钢渣中含有与硅酸盐水泥熟料相似的硅酸二钙（$C_2S$）和硅酸三钙（$C_3S$），其二者含量在50%以上。不同点在于钢渣的生成温度在1560℃以上，而硅酸盐水泥熟料的烧成温度在1460℃左右。钢渣的生成温度高，结晶致密，晶粒较大，水化速度缓慢，因此可将钢渣称为过烧硅酸盐水泥熟料。钢渣不论急冷还是慢冷，均具有水硬胶凝性能，所以其适用于制备水泥。钢渣与水泥熟料化学成分见表2-3。

**表 2-3 钢渣与水泥熟料化学成分** （%）

| 种 类 | SiO$_2$ | Al$_2$O$_3$ | CaO | MgO | Fe$_2$O$_3$ |
|---|---|---|---|---|---|
| 钢渣 | 20 | 13 | 52 | 11.5 | 1.5 |
| 水泥熟料 | 20~24 | 4~7 | 62~67 | 1~4.5 | 2~5 |

（1）铁酸盐水泥。铁酸盐水泥是指以石灰、钢渣、铁渣为原料，掺入适量石膏粉磨而成的水泥。其中石灰、铁渣、钢渣的配比范围分别为 42%~53%、17%~26%、7%~16%。铁酸盐水泥早期强度高、水化热低，其中掺入的石膏可生成大量硫铁酸盐，能有效地减少水泥的干缩和提高抗海水腐蚀性能，适用于水工建筑。

（2）钢渣水泥。凡以平炉、转炉钢渣为主要成分，加入一定量的其他掺合料和适量石膏，经磨细而制成的水硬性胶凝材料，称为钢渣水泥。生产钢渣水泥的掺合料可用矿渣、沸石、粉煤灰等。为了提高水泥的强度，有时还可加入重量不超过 20% 的硅酸盐水泥熟料。根据加入掺合料的种类，钢渣水泥可分为钢渣矿渣水泥、钢渣沸石水泥和钢渣粉煤灰水泥等。

1）钢渣矿渣水泥。钢渣矿渣水泥是以钢渣、粒化高炉渣为主要组分，加入适量硅酸盐水泥熟料和石膏，经磨细制成的水硬性胶凝材料。由于钢渣矿渣水泥是以钢渣、粒化高炉渣为主要原材料，生产该产品可以节省石灰石资源，节省能源，减少 CO$_2$ 和烟尘对环境的污染，因此也可称为"绿色水泥"。图 2-3 所示为钢渣矿渣水泥生产工艺流程。钢渣矿渣水泥不仅具有与矿渣硅酸盐水泥相同的物理力学性能，而且还具有后期强度高、耐磨性好、微膨胀、抗渗性好、耐腐蚀等一系列特征。该水泥不仅可以作为通用水泥用于一般工业与民用建筑，而且更适用于水利、道路、海港等特种工程。

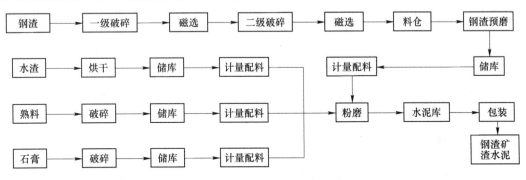

图 2-3 钢渣矿渣水泥生产工艺

2）钢渣沸石水泥。钢渣沸石水泥是一种以沸石作活性材料生产的钢渣水泥，其配合比为钢渣 53%、沸石 25%、熟料 15%、石膏 7%。沸石中的活性铝和活性硅，消耗水泥中的 Ca(OH)$_2$，能加速钢渣和熟料的水化，并可消除固溶体 CaO、f-CaO 和固溶体 MgO 的影响，改善水泥安定性，提高水泥强度。钢渣沸石水泥符合国家 32.5 号普通硅酸盐水泥指标的强度要求，其水化热低，且耐磨性、抗渗、抗冻和干缩性能均优于 32.5 号矿渣硅酸盐水泥，适合在地下工程、水下工程、公路和广场中使用。

3）钢渣粉煤灰水泥。钢渣粉煤灰水泥是以钢渣、粉煤灰、硅酸盐水泥熟料为主要组分，加入适量石膏和激发剂，经磨细制成的水硬性胶凝材料。水泥配比为钢渣 35%~40%、粉煤灰15%~20%、水泥熟料40%、石膏5%、激发剂1%，其性能达到了PC42.5R的国家标准，且有较多强度富余。

（3）钢渣矿渣硅酸盐水泥。钢渣矿渣硅酸盐水泥是由硅酸盐水泥熟料和转炉钢渣、粒化高炉渣、适量石膏磨细制成的水硬性胶凝材料，简称钢矿水泥。水泥中钢渣和粒化高炉渣的总掺加量按质量百分比计为30%~70%，其中钢渣不得少于20%。图2-4所示为钢矿水泥生产工艺流程。

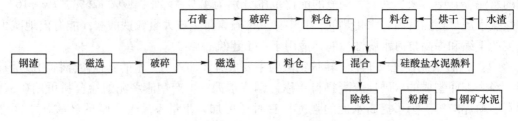

图2-4　钢渣水泥生产工艺

此外，钢渣也可以代替萤石和硫酸渣作为烧制水泥熟料的原料。以钢渣为原料烧制水泥熟料，不仅能使熟料中f-CaO下降，而且还能提高熟料强度和水泥安定性合格率。

### 2.3.3　煤矸石

煤矸石是一种天然黏土质原料，煤矸石中 $SiO_2$、$Al_2O_3$、$Fe_2O_3$ 的总含量一般在80%以上，可代替黏土配料烧制各种型号水泥。煤矸石用作水泥原材料的质量要求一般为：对于一级品，$n[SiO_2/(Al_2O_3+Fe_2O_3)]=2.7~3.5$，$p(Al_2O_3/Fe_2O_3)=1.5~3.5$，MgO<3%，$R_2O$<4%，塑性指数大于12%；对于二级品，$n[SiO_2/(Al_2O_3+Fe_2O_3)]=2.0~2.7$ 和 $3.0~4.0$，$p(Al_2O_3/Fe_2O_3)$ 不限，MgO<3%，$R_2O$<4%，塑性指数大于12%。

（1）普通硅酸盐水泥。将石灰石（65%~85%）、低铝煤矸石（7%~20%）、铁粉（3%~5%）混合磨成生料再与煤（13%）混匀，加水（16%~18%）制成生料球，在1400~1450℃下烧结得到以硅酸三钙为主要成分的熟料，其中含硅酸三钙50%以上、硅酸二钙10%以上、铝酸三钙5%以上、铁铝酸钙20%以上。该熟料再与石膏一起磨细制成水泥。煤矸石主要选用洗矸，以泥质岩石为主。

（2）无熟料水泥。以自然煤矸石（60%~80%）或经过800℃煅烧后的煤矸石与生石灰（15%~25%）、石膏（3%~8%）一起混合磨制而得，也可加入少量的硅酸盐熟料或高炉渣。若加入高炉渣（25%~35%）、煤矸石（30%~35%）、生石灰（20%~30%）、无水石膏（10%~13%），制得的无熟料水泥抗压强度可达30~40MPa。

### 2.3.4　粉煤灰

粉煤灰水泥又称粉煤灰硅酸盐水泥，它是由硅酸盐水泥熟料和粉煤灰加入适量石膏磨细而成，是一种水硬性胶凝材料。粉煤灰中含有大量活性 $Al_2O_3$、$SiO_2$ 和 CaO，当其掺入少量生石灰和石膏时，可生产无熟料水泥，也可掺入不同比例熟料生产各种规格的水泥。

（1）普通硅酸盐水泥。普通硅酸盐水泥是以硅酸盐水泥熟料为主，掺入小于15%的粉煤灰磨制而成，其性能与一般普通硅酸盐水泥相似，因而统称普通硅酸盐水泥，此种水泥生产技术成熟，质量较好。

（2）矿渣硅酸盐水泥。矿渣硅酸盐水泥是用硅酸盐水泥熟料配以50%以上的高炉水淬渣，并掺入不大于15%的粉煤灰磨细而成的。该成品性能与矿渣水泥无大差异，故称为矿渣硅酸盐水泥。

（3）粉煤灰硅酸盐水泥。粉煤灰硅酸盐水泥是以水泥熟料为主，加入20%~40%粉煤灰和少量石膏磨制而成，其中也可加入一定量的高炉水淬渣，但混合材料的掺入量不得超过50%，其标号有225号、275号、325号、425号、525号五个。上海某水泥厂利用杨树浦电厂粉煤灰生产粉煤灰硅酸盐水泥，利用20%~40%粉煤灰、55%~80%的水泥熟料、2%~8%的石膏和0.5%~2.5%碳酸钠生产出525号高强度抗折特种水泥。

（4）砌块水泥。砌块水泥是使用60%~70%的粉煤灰，并掺入少量水泥熟料和石膏磨成的，该水泥标号低，能广泛用于农业水泥和一般民用建筑。

### 2.3.5　磷石膏

#### 2.3.5.1　用于生产水泥缓凝剂

磷石膏中含有超过95%的CaS，可替代天然石膏作缓凝剂用于生产水泥，但石膏中的可溶性磷等有机物杂质将造成水泥的凝结时间延长和强度降低，国内外许多学者进行了磷石膏的改性研究。

目前对磷石膏改性的主要技术是降解可溶性$P_2O_5$以消除其对水泥性能的影响，或使其生成惰性物质，不参与水泥水化反应，其改性的技术主要有以下四种：

（1）陈化处理。将磷石膏自然晾晒半年左右，可较好解决凝结时间太长的问题，但需要庞大的堆场，在其中分辨磷石膏是否陈化相当困难，供货商无法执行。

（2）用水洗涤。将磷石膏以水膏比为（3~5）:1的比例混合，搅拌静止4h，去除上层的悬浮物，可有效地减少磷石膏中有害杂质的含量。但成本太大，且产生大量污水形成新的污染源，淋洗后的磷石膏不易晒干。

（3）中和与加热煅烧。将磷石膏煅烧，再用石灰中和，最后水化或将干燥过的磷石膏加石灰中和，再入窑煅烧，再水化。这样做减少磷石膏中有害杂质的效果较理想，且产品性能优于天然石膏，水泥的早期强度和后期强度均有提高。但加工成本太高，资金投入量大。

（4）化合处理。利用碱性钙材、硅铝复合材、添加剂与磷石膏按一定的比例投料搅拌均匀后经化合反应，使磷石膏中的有害物质化合为对水泥有益的磷酸盐类和硅酸盐类物质。如将含有25%游离水的磷石膏用窑灰和石灰或电石渣按2:1的比例搅拌中和，使磷石膏含水量降至9%左右，再加压成型。用柠檬酸处理磷石膏，把磷、氟杂质转化为可以水洗的柠檬酸盐、铝酸盐以及铁酸盐。这种技术成本低，工艺简单，解决了磷石膏作水泥缓凝剂的凝结时间长和水泥强度降低的问题。

改性的磷石膏可以代替天然石膏用作水泥缓凝剂，改性方法可视水泥品种的不同而有所不同。综合考虑水泥的凝结时间和强度因素，硅酸盐水泥宜采用石灰中和、煅烧、再结晶处理的磷石膏；普硅水泥可以采用仅经石灰中和改性处理的磷石膏；矿渣水泥和复合水泥可以直接采用磷石膏。磷石膏中的水溶性磷最好控制在1.5%以下。日本的水泥缓凝剂要求杂质含量：可溶性$P_2O_5<0.3\%$、可溶性氟<0.05%。采用石灰中和、煅烧、再结晶等

方法对磷石膏进行改性时，石灰加入量以改性后的磷石膏 pH 值为 6.5~7.5 为宜。一般为水溶性磷含量的 3 倍，再结晶喷水量控制在 20% 左右为宜，改性磷石膏干燥前或煅烧后的陈化时间应不小于 24h。

### 2.3.5.2　用于生产硫酸联产水泥

利用生产磷铵排放的废渣磷石膏制硫酸联产水泥，这一技术使磷石膏中的硫组分再生为硫酸，其他成分生成水泥熟料。采用半水烘干石膏流程、单级粉磨、旋风预热器窑分解煅烧、封闭稀酸洗涤净化、两转两吸工艺，包括原料均化、烘干脱水、生料制备、熟料烧成、窑气制酸和水泥磨制等六个过程。

磷石膏经烘干脱水成半水石膏，与焦炭、黏土等辅助材料按配比由微机计量、粉磨均化成生料，生料经旋风预热器预热后加入回转窑内，与窑气逆流接触，反应式为：

$$900 \sim 1200℃ \quad 2CaSO_4 + C \xrightarrow{\quad\quad} 2CaO + 2SO_2 \uparrow + CO_2 \uparrow \tag{2-1}$$

（1）生成的 CaO 与物料中的 $SiO_2$、$Al_2O_3$、$Fe_2O_3$ 等发生矿化反应，形成水泥熟料：

$$12CaO + 2SiO_2 + 2Al_2O_3 + Fe_2O_3 \xrightarrow{\quad\quad} 3CaO \cdot SiO_2 + 2CaO \cdot SiO_2 + 3CaO \cdot Al_2O_3 +$$
$$4CaO \cdot Al_2O_3 \cdot Fe_2O_3 \tag{2-2}$$

制得的熟料与石膏、混合材（煤渣）按一定比例经球磨机粉磨为水泥。

（2）含 $SO_2$(11%~14%) 的窑气经电除尘、酸洗净化、干燥，由 $SO_2$ 鼓风机送入转化工序，在钒触媒的催化作用下，经两次转化，$SO_2$ 被氧化成 $SO_3$：

$$2SO_2 + O_2 \xrightarrow{V_2O_5} 2SO_3 \tag{2-3}$$

$SO_3$ 被浓度为 98% 的 $H_2SO_4$ 两次吸收后，与其中的水化合制得 $H_2SO_4$：

$$SO_3 + H_2O \xrightarrow{\quad\quad} H_2SO_4 \tag{2-4}$$

### 2.3.5.3　用作水泥矿化剂

在煅烧硅酸盐水泥时加入石膏作为矿化剂可以节省能耗，提高产品的质量和产量，磷石膏的主要成分是二水石膏，还含有少量的杂质，可认为它是一种天然的复合矿化剂。用天然石膏与天然花岗岩石作复合矿化剂锻炼出来的熟料中的 $C_3S$ 容易产生分解，而加入磷石膏之后烧制出来的熟料基本不会存在这一问题。

## 2.3.6　脱硫石膏

### 2.3.6.1　用作水泥缓凝剂

脱硫石膏的主要成分是 $CaSO_4 \cdot 2H_2O$，化学成分和天然石膏相近似，其 $CaSO_4 + CaSO_4 \cdot 2H_2O$ 含量一般在 90% 以上，天然石膏的 $CaSO_4 + CaSO_4 \cdot 2H_2O$ 含量一般在 70%~80%。试验表明，FGD 脱硫石膏可以替代天然石膏在水泥生产中作为水泥缓凝剂利用。硅酸盐水泥中一般加入 3%~5% 左右的石膏来调节水泥的凝结时间，以达到水泥性能的要求。

发达国家采用脱硫石膏作为水泥缓凝剂，已成为脱硫石膏的主要利用途径之一。在我国，重庆建筑学院曾进行过脱硫石膏作硅酸盐水泥、普通硅酸盐水泥、矿渣硅酸盐水泥缓凝剂的研究，制得水泥的性能和添加天然石膏制得的水泥性能相当，XRD 物相分析其水化物完全相同，其掺入量比天然石膏略低，平均为 4%。但目前我国大多数的水泥生产厂家仍使用天然石膏作为缓凝剂。

### 2.3.6.2　用于生产硫铝酸盐水泥

生产硫铝酸盐水泥是以脱硫石膏、石灰石、矾土作为原料，立窑煅烧生成硫铝酸盐水泥熟料，它的主要成分为无水硫铝酸钙和硅酸三钙，分别占 65% 和 25%。然后将水泥熟料与石灰石和脱硫石膏一起研磨成粉末状，就制备成了硫铝酸盐水泥。通过实践证明，这种水泥具有早期强度高、硬化快、微膨胀的特性，比硅酸盐水泥的成本要低。

## —————— 本 章 小 结 ——————

本章介绍了水泥的基本概念、生产工艺、用途和分类，详细论述了水泥的组成、熟料矿物水化性能、混合材料的种类和在水泥中的作用，并讨论了高炉渣、钢渣、石膏、粉煤灰等几类二次资源在水泥工业中的应用方法及水泥水化硬化机理。

## 习　题

2-1　水泥的种类有哪些，各有什么用途？

2-2　水泥原料主要有哪些，其对水泥性能影响如何？

2-3　无机非金属资源在水泥工业方面有哪些应用？并举例详细介绍。

# **3** 无机非金属资源在建筑材料工业应用

+-+-+-+-+-+-+-+-+-+-+-+-+-+-+-+-+-+-+-+-+-+-+-+-+-+-+-+-+-+-+-+-+-+-+-+-+-+-+-+-+

**本章提要：**
(1) 了解建筑材料的分类及用途。
(2) 掌握无机非金属资源在建筑材料方面的应用，并举例介绍。

+-+-+-+-+-+-+-+-+-+-+-+-+-+-+-+-+-+-+-+-+-+-+-+-+-+-+-+-+-+-+-+-+-+-+-+-+-+-+-+-+

## 3.1 建筑材料工业概述

### 3.1.1 建筑材料的发展

在建筑物中使用的材料统称为建筑材料。建筑材料是人们生活、生产必不可少的物质基础。自有人类以来，建筑材料就和人们的生活息息相关。无论是最原始的土、苇草、石材，还是近代社会出现的钢铁、水泥、混凝土，以及现代社会的塑料、铝合金、不锈钢等新型材料，从最开始给人类创造遮风挡雨、躲避猛兽的场所，到现在不断改善人类居住条件，使建筑物具有美观性、健康性和舒适性，建筑材料都发挥着极其重要的作用。

约9000年前，人类开始使用火以后，就制造出陶；约5000年前，人类以陶器为容器，造出了青铜；3000年前，人类开始大量使用铁；100多年前，炼钢技术的发展，使钢铁成为20世纪占主导地位的结构材料；硅酸盐水泥的发明，使水泥混凝土取代天然石材，成为最重要的建筑结构材料，并成为用量最大的人造材料。20世纪初，合成有机高分子材料相继问世，并以惊人的速度迅速发展；20世纪中叶，新型陶瓷、复合材料、电子材料、激光材料等不断创新；目前，纳米材料、超导材料、光电子材料等方面的研究正不断取得突破。可以看出，材料开发及应用的发展速度越来越快，水平越来越高。

一种新材料的出现对生产力水平的提高和产业形态的改变，会产生划时代的影响和冲击，历史上许多时期或时代就是用材料来命名的，如石器时代、铁器时代等。建筑物作为人筑材料经历了从无到有，从天然材料的利用到工业化生产，从品种简单到多样化，性能不断改善，质量不断提高。使人类的生活空间、生存环境变得越来越美好。

建筑材料是构成建筑物的基础，其性能直接影响建筑物的各种性能。为使建筑物获得安全、适用、美观、经济的综合性能，必须合理选择和使用建筑材料。目前，一些传统建筑料仍在继续使用，这些材料虽然有着自身的优点，但也都存在着各自的缺点。例如木材、石材和普通混凝土等，这些材料的长期使用势必导致缺陷的逐渐暴露，比如混凝土的抗裂性能、木材的各向异性等。如何改善这些缺陷，发展新型材料势在必行。

长期以来，人类一直在从事着建筑材料的各类研究工作，并不断地开发新材料。但这些研究开发工作，多数是为了满足建筑物的承载安全、尺寸规模、功能和使用寿命等方面的要求，以及人们生存环境的安全性、舒适性、适用性和美观性等更高的追求，而较少考虑到建材的生产和使用会给生态环境、能耗方面造成的影响。21世纪，人类居住环境的可持续发展成为世界关注的焦点。由此也将建筑材料的发展推向与环境相结合的复合化、利用工业废料、多功能化、轻质高强化、工业化生产的绿色建材。

### 3.1.2 建筑材料的分类

本书中所列举材料均为无机非金属材料类建筑工业材料，都是在第1章各种无机非金属二次资源的基础上开发的建筑材料，具体包括混凝土材料、微晶玻璃、发泡陶瓷、建筑制品以及其他建筑材料。

### 3.1.3 我国建筑材料工业基本情况

建筑材料工业是重要的原材料及制品工业，与建筑业一起作为国民经济的支柱产业。建筑材料既是国民经济建设的物质基础，又是解决和改善人们居住条件，提高生活、工作质量的基本材料。无机非金属新材料和非金属矿物材料是国防建设、高新技术发展和相关产业所必需的、不可缺少的重要材料。

目前，建材工业共有80余类、1400多个品种和规格的产品，从业人员1034万人，工业企业11万个（销售收入在100万元以上的），其中大中型企业1300多家，有26家大型建材企业列入国家520家重点企业。水泥、平板玻璃、建筑卫生陶瓷以及石墨、滑石等部分非金属矿产量已连续多年居世界第一。

## 3.2 混凝土材料

混凝土（简称砼）泛指是由胶凝材料、水、骨料（粗骨料、细骨料、轻骨料等），必要时掺入外加剂、掺合料按适当配合比拌和，经凝结硬化养护而成的人造石材。普通混凝土是指由水泥、石子（又称粗集料或粗骨料）、砂子（又称细集料或细骨料）和水混合后的4种材料组成，必要时掺入化学外加剂和矿物质混合材料，按适当配合比拌和，经凝结硬化养护而成的人造石材，干密度为 $2000 \sim 2800 \mathrm{kg/m^3}$。在凝结前称为混凝土拌和物，又称新拌混凝土。其中施工中应用最普通、用量最大的是普通混凝土。

重矿渣、钢渣、赤泥、粉煤灰、煤矸石、铜渣、镍渣、废砖瓦、废旧建筑混凝土等二次资源均可用来制备混凝土。

### 3.2.1 骨料

骨料有粗骨料和细骨料之分。

#### 3.2.1.1 细骨料

粒径4.75mm以下的骨料称为细骨料，俗称砂。砂按产源分为天然砂、人工砂两类。天然砂是由自然风化、水流搬运和分选、堆积形成的，粒径小于4.75mm的岩石颗粒，但不包括软质岩、风化岩石的颗粒。天然砂包括河砂、湖砂、山砂和淡化海砂。人工砂是经除土处理的机制砂、混合砂的统称。

《水工混凝土施工规范2001》对细骨料（人工砂、天然砂）的品质要求如下：

（1）细骨料应质地坚硬、清洁、级配良好，人工砂的细度模数宜在 2.4~2.8 范围内，天然砂的细度模数宜在 2.2~3.0 范围内。使用山砂、粗砂、特细砂应经过试验论证。

（2）细骨料在开采过程中应定期或按一定开采数量进行碱活性检验，有潜在危害时，应采取相应措施，并经专门试验论证。

（3）细骨料的含水率应保持稳定，人工砂饱和面干的含水率不宜超过 6%，必要时应采取加速脱水措施。

细骨料的其他品质要求应符合表 3-1 的规定。

**表 3-1　细骨料的质量要求**

| 项　　目 | | 指　　标 | |
| --- | --- | --- | --- |
| | | 天然砂 | 人工砂 |
| 石粉含量/% | | — | 6~18 |
| 含泥量% | $\geq C_{90}30$（有抗冻要求） | ≤3 | |
| | $< C_{90}30$ | ≤5 | |
| 泥块含量 | | 不允许 | 不允许 |
| 坚固性% | 有抗冻要求的混凝土 | ≤8 | ≤8 |
| | 无抗冻要求的混凝土 | ≤10 | ≤10 |
| 云母含量/% | | ≤2 | ≤2 |

### 3.2.1.2　粗骨料

粒径大于 4.75mm 的骨料称为粗骨料，俗称石。常用的有碎石及卵石两种。碎石是天然岩石或岩石经机械破碎、筛分制成的、粒径大于 4.75mm 的岩石颗粒；卵石是由自然风化、水流搬运和分选、堆积而成的、粒径大于 4.75mm 的岩石颗粒。卵石和碎石颗粒的长度大于该颗粒所属相应粒级的平均粒径 2.4 倍者为针状颗粒；厚度小于平均粒径 0.4 倍者为片状颗粒（平均粒径指该粒级上、下限粒径的平均值）。建筑用卵石、碎石应满足国家标准 GB/T 14685—2001《建筑用卵石、碎石》的技术要求。

（1）粗骨料的最大粒径不应超过钢筋净间距的 2/3、构件断面最小边长的 1/4、素混凝土板厚的 1/2。对少筋或无筋混凝土结构，应选用较大的粗骨料粒径。

（2）施工中，宜将粗骨料按粒径分成下列几种粒径组合：当最大粒径为 40mm 时，分成 D20、D40 两级；当最大粒径为 80mm 时，分成 D20、D40、D80 三级；当最大粒径为 150（120）mm 时，分成 D20、D40、D80、D150（D120）四级。

（3）应控制各级骨料的超、逊径含量。以圆孔筛检验，其控制标准：超径小于 5%，逊径小于 10%。当以超、逊径筛检验时，其控制标准：超径为 0，逊径小于 2%。

（4）采用连续级配或间断级配，应由试验确定。

（5）各级骨料应避免分离。D20、D40、D80、D150（D120）分别用中径方孔筛检测的筛余量应在 40%~70% 范围内。

（6）如使用含有活性骨料和钙质结核等的粗骨料，必须进行专门试验论证。

（7）粗骨料表面应洁净，如有裹粉、裹泥或被污染等则应清除。

（8）碎石和卵石的压碎指标值宜采用表 3-2 粗骨料的压碎指标的规定，粗骨料的其他品质要求应符合表 3-3 的粗骨料的品质要求规定。

**表 3-2　粗骨料的压碎指标**

| 骨料种类 | | 不同混凝土强度等级的压碎指标值/% | |
|---|---|---|---|
| | | $C_{90}55 \sim C_{90}40$ | $\leqslant C_{90}35$ |
| 碎石 | 水成岩 | $\leqslant 10$ | $\leqslant 16$ |
| | 变质岩或深成的火成岩 | $\leqslant 12$ | $\leqslant 20$ |
| | 火成岩 | $\leqslant 13$ | $\leqslant 30$ |
| 卵石 | | $\leqslant 12$ | $\leqslant 16$ |

**表 3-3　粗骨料的质量要求**

| 序号 | 项　目 | 指　标 | 备　注 |
|---|---|---|---|
| 1 | 表观密度 | $>2.6g/cm^3$ | 对砾石力学性能的要求应符合《水工钢筋混凝土结构设计规范》规定 |
| 2 | 堆积密度 | $>1.6g/cm^3$ | |
| 3 | 吸水率 | <2.5%抗寒性混凝土<1.5% | |
| 4 | 干密度 | $>2.4\%$ | |
| 5 | 冻融损失率 | <10% | |
| 6 | 针片状颗粒含量 | <15% | |
| 7 | 软弱颗粒含量 | <5% | |
| 8 | 含泥量 | <1% | 不允许存在黏土块，黏土薄膜；若有则应做专门试验论证 |
| 9 | 碱活性骨料含量 | | 有碱活性骨料时，应做专门试验论证 |
| 10 | 硫酸盐及硫化物含量（换算成 $SO_3$） | <0.5% | |
| 11 | 有机质含量 | 浅于标准色 | |
| 12 | 细度模数 | 宜采用 6.25~8.30 | |
| 13 | 轻物质含量 | 不允许存在 | |

### 3.2.1.3　骨料的选择原则

（1）使用的骨料应根据优质、经济、就地取材的原则进行选择。可选用天然骨料、人工骨料，或两者互相补充。选用人工骨料时，有条件的地方宜选用石灰岩质的料源。

（2）骨料料源在品质、数量发生变化时，应按现行建筑材料勘察规程进行详细的补充勘察和碱活性成分含量试验。未经专门论证，不得使用碱活性骨料。

（3）应根据粗细骨料需要总量、分期需要量进行技术经济比较，制订合理的开采规划和使用平衡计划，尽量减少弃料。覆盖层剥离应有专门弃渣场地，并采取必要的防护和恢复环境措施，避免产生水土流失。

（4）骨料加工的工艺流程、设备选型应合理可靠，生产能力和料仓储量应保证混凝土施工需要。

（5）根据实际需要和条件，可将细骨料分成粗细两级，分别堆存，在混凝土拌和和运输时按一定比例掺配使用。

（6）成品骨料的堆存和运输应符合下列规定：

1）堆存场地应有良好的排水设施，必要时应设遮阳防雨棚。

2）各级骨料仓应设置隔墙等有效措施，严禁混料，并应避免泥土和其他杂物混入骨料中。

3）应尽量减少转运次数，卸料时，粒径大于40mm骨料的自由落差大于2m时，应设置缓降设施。

4）储料仓除有足够的容积外，还应维持不小于6m的堆料厚度，细骨料仓的数量和容积应满足细骨料脱水的要求。

5）在粗骨料成品堆场取料时，同一级料在料堆不同部位同时取料。

### 3.2.1.4　废石用作骨料

随着中国经济的发展，建筑工程、水利工程、电力工程、公路工程、铁路工程都少不了最基本的原材料——碎石。而碎石最现成的，也可以说最便宜的资源，应出自于矿山，特别是金属矿山。每个矿山都有掘进或剥离的废石，运送到废石场堆放。长期以来，废石场不但占用大量的土地，而且污染了自然环境。

矿山的许多废石都可以用作混凝土粗、中粒骨料。评价骨料时要考虑岩石的物理性质和化学成分，两者都取决于岩石的种类，但还要考虑其裂隙发育程度和风化程度。物理性质中，强度大者当然有利；此外，还要考虑弹性模量，弹性模量越接近水泥砂浆越好。一般说来，石灰岩（不含非晶质 $SiO_2$ 和 MgO 者）、细砂岩、石英岩、结晶相对较细的花岗岩、闪长岩、片麻岩和玄武岩等都适用于作为骨料。某些飞机场跑道的混凝土还专门要求用玄武岩作为骨料，这就与天然岩石中玄武岩的强度最高有关。

废石整体加工利用为混凝土粗骨料方面：据国家统计局统计：我国2010年水泥消费量已达到18.6亿吨。一般来说，混凝土中水泥的用量约为其总量的10%～20%，按此比例，显然所需要的各种粗、细骨料要大大高于水泥用量。有的学者甚至在2004年就认为："据估算，混凝土业现在正在以每年约80亿吨的速度消耗天然骨料。"那么究竟粗、细骨料哪种用的更多？可参看表3-4。

表 3-4　混凝土的砂率　　　　　　　　　　（%）

| 水灰比 (W/C) | 卵石最大粒径 | | | 碎石最大粒径 | | |
|---|---|---|---|---|---|---|
| | 10mm | 20mm | 40mm | 16mm | 20mm | 40mm |
| 0.40 | 26～32 | 25～31 | 24～30 | 30～35 | 29～34 | 27～32 |
| 0.50 | 30～35 | 29～34 | 28～33 | 33～38 | 32～37 | 30～35 |
| 0.60 | 33～38 | 32～37 | 31～36 | 36～41 | 35～40 | 33～38 |
| 0.70 | 36～41 | 35～40 | 34～39 | 39～44 | 38～43 | 36～41 |

注：混凝土的砂率 $= \dfrac{\text{细骨料}}{\text{粗细骨料之和}} \times 100\%$。

根据表3-4，可见粗骨料用量多于细骨料。按"我国2010年已达到水泥消费量18.6亿吨"计，那么粗骨料的消耗应不少于50亿吨，大大超过矿山每年的废石排放量。现在有些矿山已在利用废石做粗骨料了，值得其他矿山效仿。

但是，并非任何矿山的废石都可以用作粗骨料。下列条件的废石不适用于用作骨料：

（1）片状或纤维状岩屑含量太多的废石：片岩、板岩、千枚岩、页岩等都不适用于做骨料。

（2）具有"碱-骨料反应"的岩石不适用于做骨料：碱-骨料反应在国际上被称为混凝土的癌症。它是由于水泥中的碱（$Na_2O$ 或 $K_2O$）在混凝土浇筑成型后若干年（数年至二三十年）逐渐反应，反应生成物吸水膨胀，使混凝土产生内部应力，发生膨胀开裂，迅速老化。例如，1965~1966 年德国北部高速公路上一座新建不久的拉彻威尔桥受碱-骨料反应严重破坏，拆掉重建。碱-骨料反应又分为碱-硅酸反应（ASR）和碱-碳酸盐反应（ACR）。前者是由于碱与骨料中的活性氧化硅反应生成碱-硅凝胶而导致混凝土的破坏，含活性氧化硅的岩石，是含有某些非晶质或隐晶质的硅质（蛋白石、玉髓）石灰岩、凝灰岩、英安岩等，它们都不适用于做骨料；碱-碳酸盐反应是碱与骨料中的白云石发生反应，将其转化为水镁石 $Mg(OH)_2$，水镁石晶体排列产生的压力，引起混凝土内部应力，导致混凝土开裂。所以，同样是碳酸盐类的石灰岩、白云岩和白云质灰岩三种岩石中，石灰岩适于用作骨料，而后两者却不适用于作为骨料。此外，某些蚀变岩如含有较多硫化物（如黄铁矿）的废石，也不适于用做骨料。

### 3.2.2　掺和料

在混凝土拌和物制备时，为了节约水泥、改善混凝土性能、调节混凝土强度等级，而加入的天然的或者人造的矿物材料，统称为混凝土掺和料。

#### 3.2.2.1　掺和料的分类

掺和料可分为活性矿物掺和料和非活性矿物掺和料两大类。非活性矿物掺和料一般与水泥组分不起化学作用，或化学作用很小，如磨细石英砂、石灰石、硬矿渣之类材料；活性矿物掺和料虽然本身不硬化或硬化速度很慢，但能与水泥水化生成的 $Ca(OH)_2$，生成具有水硬性的胶凝材料，如粒化高炉矿渣、火山灰质材料、粉煤灰、硅粉等。

通常使用的掺和料多为活性矿物掺和料。由于它能够改善混凝土拌和物的和易性，或能够提高混凝土硬化后的密实性、抗渗性和强度等，因此目前较多的土木工程中都或多或少地应用混凝土活性掺和料。特别是随着预拌混凝土、泵送混凝土技术的发展应用，以及环境保护的要求，混凝土掺和料的使用将愈加广泛。本节将着重介绍硅粉、粉煤灰、粒化高炉渣三种活性掺和料。

#### 3.2.2.2　硅粉

硅粉又叫硅灰、微硅粉，是工业电炉在高温熔炼工业硅及硅铁的过程中，随废气逸出的烟尘经特殊的捕集装置收集处理而成的。在逸出的烟尘中，$SiO_2$ 含量约占烟尘总量的 90%，颗粒度非常小，平均粒度几乎是纳米级别。

A　硅粉的特性

（1）硅粉是一种非常细的粉末，其主要成分是颗粒极细的无定形二氧化硅。它的平均粒径比水泥小 100 倍，比表面积约为 $15\sim20m^2/g$。

（2）硅粉是从蒸气冷凝而得，故其粉末具有非常完美的球状形态。

（3）这种粉末含有 85%~95%以上玻璃态的活性二氧化硅。

（4）硅粉的密度为 $2.2\sim2.5\text{g/cm}^3$ ，松散容重为 $200\sim300\text{kg/m}^3$ 。

B　硅粉在混凝土中的作用机理

硅粉具有极强的火山灰性能。其作用机理是：当把硅粉掺入混凝土中后，硅粉和水接触，部分小颗粒迅速溶解，溶液中富 $SiO_2$ 和贫 Ca 的凝胶在硅粉粒子表面形成附着层，经过一定时间后，富 $SiO_2$ 和贫 Ca 凝胶附着层开始溶解，和水泥水化产生的 $Ca(OH)_2$ 反应生成 C-S-H 凝胶。硅粉的火山灰反应改变了浆体的孔结构，使大孔（大于 $0.1\mu m$）减少，小孔（小于 $0.05\mu m$）增加，使孔径变细，还将浆体中 $Ca(OH)_2$ 减少，结晶细化，并使其定向程度变弱。细颗粒的硅灰，填充在水泥颗粒空隙间，也使浆体更密实。

（1）硅粉的掺入方法：一般有内掺和外掺两种方法，都要与减水剂配合使用。内掺法往往用硅粉代替水泥，又分等量代替和部分等量代替两种。等量代替为硅粉掺量代替相等的水泥；部分代替为 1kg 硅粉代替 $1\sim3$kg 水泥，作为研究一般掺量为 $5\%\sim30\%$，水灰比一般保持不变。而外掺法指的是硅粉像外加剂那样掺在混凝土中，而水泥用量不减少，掺量一般为 $5\%\sim10\%$，一般外掺法得到的混凝土的力学性能比内掺法高得多。

（2）硅粉的最佳掺量：硅粉在混凝土中掺量太少，对混凝土性能改善不大，但是掺量太多，则混凝土太黏，不易施工，且干缩变形大，抗冻性差，因此，掺硅粉时，应找出最优掺量以获得最佳结果。一般情况下，掺量在 10% 以内效果较为满意。

C　硅粉对混凝土性能的影响

（1）硅粉对混凝土物理性能的影响。掺入硅粉，可以改变混凝土的一些重要物理性能指标，可以满足某些特殊性能的要求。

1）影响混凝土用水量。硅粉颗粒可以填充相对较大的水泥颗粒的孔隙，减少孔隙的体积，但硅粉很大的比表面积对和易性的影响更大。因此，一般用水量要随硅粉掺量的增加而增加。但为了保持流动度不变，在掺入硅粉的同时，一般都要加入高效减水剂或超塑化剂。

2）改善和易性。在混凝土水胶比［$W/(C+S+F)$］（其中 W 为水、C 为水泥、S 为硅灰、F 为粉煤灰）比较低的情况下，加入硅粉能增加黏聚性。为了得到与不掺硅粉的混凝土相同的和易性，一般要增加 50mm 坍落度，但在水泥用量低于 $300\text{kg/m}^3$ 情况下，加入硅粉可以增加黏聚性并改善其和易性。

3）减少泌水量。因为硅粉的比表面积非常高，在新鲜混凝土中的许多自由水都被硅粉粒子所约束，可以大大减少泌水量。

4）减少离析。掺入硅粉可改善混凝土的离析性能。当坍落度较大、振捣时间比较长的时候，硅粉混凝土也不易离析。

5）塑性收缩。混凝土的塑性收缩开裂是由于混凝土表面拉应力超过了混凝土早期的抗拉强度。这种拉应力是由混凝土表面水分移动所引起的。硅粉混凝土显著减少泌水量就增加了塑性收缩开裂的危险性，特别在蒸发速度比较高的情况（例如高风速、低湿度和高温度情况）下更是如此。塑性收缩开裂可出现在浇筑抹面之后直至混凝土开始凝固，大多发生在混凝土接近初凝的时候。

为了防止塑性开裂，必须覆盖混凝土以防止快速蒸发，表面可用麻袋或塑料膜或养护剂覆盖，或者用喷雾的方法来减少蒸发，一些能延缓蒸发的特种外加剂在国外也曾用来减少塑性开裂的危险。

6）影响凝结时间。硅粉混凝土的凝结时间与等强度不掺硅粉的混凝土相比通常是略为增加。在没有减水剂和超塑化剂的情况下也会延迟，特别是在硅粉含量较高的情况下更是如此。当外掺硅粉以提高强度时，视所用外加剂的品种不同，对凝结时间影响也不同。

7）减少水化热温升。用硅粉取代水泥可以减少水化热温升。硅粉水泥的热峰值出现虽都略早于不掺硅粉的，但总放热量都低于不掺硅粉的，7天总放热量在取代量为10%及30%时，分别降低29%和19%。

（2）硅粉对混凝土力学性能的影响：

1）黏结性能。由于混凝土内部的泌水会使某些自由水积聚在钢筋和骨料下面，从而降低了水泥浆与钢筋和骨料界面的黏结，加入硅粉可以大大减少新鲜混凝土内部的泌水，从而减少界面水分的积聚，改善界面黏结性能。

2）抗压强度。由于硅粉的加入产生了火山灰反应和微填料作用，使水泥浆与骨料界面过渡区改善，并使孔结构细化，这些都引起抗压强度增加。

3）拉压比。一般混凝土的拉压比干燥养护要大于潮湿养护，但硅粉混凝土不管是干燥养护或潮湿养护，其拉压比都相近。

4）弹性模量。硅粉混凝土的弹性模量随硅粉掺量的增加和水胶比的减少而增加。由于骨料和硬化水泥浆过渡区的孔隙率的减少，硅粉混凝土的总刚度增加。

5）徐变。徐变和收缩一样，与硬化混凝土中的自由水迁移有关，徐变一般随着抗压强度增加而减少。

6）干缩。在高强度混凝土中自由水几乎全部用于水化，干缩和自生收缩随着水灰比减少而增加，特别是掺硅粉的情况下更是如此。随着硅粉的掺入，毛细管孔隙细化水分蒸发量减少。因此，一般硅粉混凝土表现为早期干缩增大而后期减少。为了减少硅粉混凝土早期干缩，可采用延长潮湿养护时间、把硅粉配成浆剂或掺入适当的膨胀剂等方法。

（3）硅粉对混凝土耐久性的影响。从综合角度来看，硅粉对改善混凝土的耐久性效果最为显著，几乎可用于任何有耐久性要求的环境。

1）抗渗性。一般硅粉对抗渗性的提高效果要大于对强度的提高效果，特别是硅粉以小掺量掺入低强度混凝土时更是如此。

2）抵抗化学侵蚀的能力。加入硅粉可以明显地降低混凝土的渗透性并减少游离的$Ca(OH)_2$，从而可以提高混凝土抗化学侵蚀的性能。

3）抗碱骨料反应性。加入硅粉可改善混凝土中的碱骨料反应，是因为硅粉粒子可改善水泥胶结材料的密封性，减少了水分通过浆体的运动速度，使得碱膨胀反应所需的水分减少，同时也是因为硅粉可减少水泥浆孔隙液中碱离子（$Na^+$和$K^+$）的浓度。另外，在有硅粉时所形成的C-S-H有个较低的钙硅比，可以增加晶体容纳外来离子（碱分子）的能力，从而减少了还原成硅和石灰凝胶的危险性，提高了混凝土抗碱集料反应的能力。

4）防钢筋腐蚀性。混凝土高碱性给普通钢筋混凝土中的钢筋提供了形成钝化膜的条件，一旦钝化膜破坏，钢筋就会发生电化学腐蚀。腐蚀速度取决于水分以及氧气进入混凝土的速度。加入硅粉可以改善密实性，增加电阻率，所以抵抗钢筋锈蚀的性能得到很大改善，硅粉改善电阻率是指随着硅粉含量的增加而引起电阻率的增加。

5）抗磨蚀性。加入硅灰可以增加混凝土浆体自身的抗磨蚀性和硬度以及水泥浆骨料界面的黏结。与不掺硅灰的混凝土相比，一般抗冲磨能力可提高1倍左右，抗空蚀能力可提高 3 倍以上。

### 3.2.2.3 粉煤灰

粉煤灰和粒化高炉渣的定义与性质在第 1 章已简单说明，本节不再重述。

粉煤灰因其产地普遍（各地都有火电厂或其他工业煤粉锅炉），价格低，是当前混凝土业采用最多的矿物掺合料，也是国家"十五"以来重点推广的"利废"项目之一。粉煤灰作为混凝土的矿物掺合料，在水泥基混凝土中主要有三个效应——形态效应、活性效应和微集料效应，控制好这三个效应向有利的方向发展，即可变废为宝，改善混凝土的性能。

**A　粉煤灰的三个效应**

（1）形态效应（增塑效应）。粉煤灰的形态效应主要是指粉煤灰的颗粒形态、粗细及表面粗糙程度等特征在混凝土中的效应。粉煤灰颗粒绝大多数为玻璃微珠，是一种表面光滑，质地密实，粒度很细的球形颗粒。当混凝土中掺加粉煤灰时，球形颗粒可以起到滚珠的作用，在水泥浆中起到润滑和降低用水量的作用，可以降低内摩擦力而提高流动性。而且它们往往填充在水泥浆体的空隙中，使硬化后的混凝土密实性能得到很好的改善。通常，粉煤灰颗粒越细，球形颗粒含量越高，则需水量越少。所以，在相同的工作条件下，可实现减水效能。经试验得知，用 30% 的粉煤灰代替 20% 的水泥，搅拌混凝土中用水量可减少 7% 左右。

（2）活性效应（增强效应）。粉煤灰的活性效应是指粉煤灰中的活性成分 $SiO_2$ 和 $Al_2O_3$ 与水泥水化产物在有水的条件下发生的化学反应，生成具有水硬性特点的水化硅酸钙和水化铝酸钙等物质的能力。该反应产物填充在水泥水化物的空隙中，形成密实的混凝土结构。由于粉煤灰的水化反应比水泥的水化反应慢，被粉煤灰取代的那部分水泥的早期强度得不到补偿，所以粉煤灰混凝土的早期强度较低，并且随粉煤灰的掺量的增加而降低。但随着时间的推移，粉煤灰中的活性成分与水泥水化产物发生反应生成具有凝胶性的水化产物，降低了混凝土中的液相碱度，进一步促进水泥的水化，因此混凝土的后期强度增长速度较快。

（3）微集料效应（填充效应）。通常水泥的平均粒径为 $20 \sim 30 \mu m$，小于 $10 \mu m$ 的粒子很少。所以，水泥颗粒之间的填充性并不好。粉煤灰中微细颗粒（$3 \sim 6 \mu m$）分布于水泥颗粒之间，能有效填充水泥颗粒之间的空隙和分散聚集成团的水泥颗粒，使其释放更多浆体，更有利于混合物的水化反应，进一步提高混凝土的强度和抗渗能力。

**B　粉煤灰对混凝土性能的影响**

（1）改善和易性。用粉煤灰取代一定量的水泥，另外也取代了一部分细骨料，从而增大了浆-骨比，大量浆体填充在骨料之间，润滑了骨料颗粒。进而改善混凝土的黏聚性和可塑性，有效地提高了拌和料的和易性。利用此性质，在配制泵送混凝土时加入粉煤灰，可以提高混凝土的泵送性能。

（2）降低温升，并限制温度裂缝效应。由于粉煤灰放热量比水泥少，故在用粉煤灰取代部分水泥后，水化放热减少，另一方面，按照水泥水化理论，水化温度的降低可以减缓水泥的水化反应速度，从而改变水泥的水化过程，减少了水化热的排出。由于水化热的降低，使混凝土内部的温升降低，从而减少温度裂缝的出现几率。

（3）强度。由于粉煤灰水化速度小于水泥的水化速度，故掺粉煤灰的混凝土的早期强度比普通混凝土低，且粉煤灰的掺量越多，混凝土的早期强度越低。但是，经过较长龄期之后，粉煤灰颗粒发生水化反应后，以及在形态效应和微集料效应的影响下，粉煤灰混凝土的后期的强度增长较快，甚至超过普通混凝土。

（4）降低收缩性。混凝土的收缩与混凝土的拌和用水量和浆体的体积有关，用水量越少，收缩越小。粉煤灰的微集料效应表现在粉煤灰微珠强度高，与水泥基体界面黏结好，对混凝土的收缩有一定的抑制作用，降低了混凝土的收缩。

#### 3.2.2.4 粒化高炉渣

粒化高炉矿渣粉具有潜在的水硬性，是水泥和混凝土的优质混合材料，且具有环保功能。近十年来，我国超磨粒化高炉矿渣细粉作为水泥、混凝土和砂浆的掺合料，用于提高和改善水泥混凝土性能的应用已越来越广泛。如上海的裕华大厦、商检大厦、宝鼎大厦等都采用了高炉矿渣粉配置的高性能混凝土，取代水泥量 30% ~ 50%，实践证明使用效果良好。

矿渣粉对混凝土的作用机理与粉煤灰基本相同。在增强、缓凝、降低水化热三方面略优于粉煤灰，在增加混凝土耐磨蚀性方面强于粉煤灰，但次于硅灰。

### 3.2.3 外加剂

混凝土外加剂，是一种在混凝土搅拌之前或拌制过程中加入的、用以改善新拌混凝土或硬化混凝土性能的材料。

混凝土工程技术的发展，对混凝土性能提出了许多新的要求，如：（1）泵送混凝土要求高的流动性；（2）冬季施工要求高的早期强度；（3）高层建筑、海洋结构要求高强、高耐久性。这些性能的实现，需要应用高性能外加剂。由于外加剂对混凝土技术性能的改善，它在工程中应用的比例越来越大，不少国家使用掺外加剂的混凝土已占混凝土总量的 60% ~ 90%。因此，外加剂已成为混凝土的重要组成部分，被称为第五组分，获得越来越广泛的应用。

混凝土外加剂种类繁多，根据《混凝土外加剂的定义、分类、命名与术语》（GB/T 8075—2005）的规定，混凝土外加剂按其主要功能分为四类：

（1）改善混凝土拌和物流变性能的外加剂，包括各种减水剂、引气剂和泵送剂等。

（2）调节混凝土凝结时间、硬化性能的外加剂，包括缓凝剂、早强剂和速凝剂等。

（3）改善混凝土耐久性的外加剂，包括引气剂、防水剂和阻锈剂等。

（4）改善混凝土其他性能的外加剂，包括加气剂、膨胀剂、防冻、着色剂、防水剂和泵送剂等。

目前，在工程中常用的外加剂主要有：减水剂、早强剂、缓凝剂、引气剂、防冻剂等。

### 3.2.4 废旧建筑混凝土在混凝土上的应用

#### 3.2.4.1 再生骨料的制造

用废弃混凝土块制造再生骨料的过程和天然碎石骨料的制造过程相似，都是把不同的破碎设备、筛分设备、传送设备合理组合在一起的生产工艺过程，其生产工艺原理如

图 3-1 所示。实际的废弃混凝土块中，不可避免存在着钢筋、木块、塑料碎片、玻璃、建筑石膏等各种杂质，为确保再生混凝土的品质，必须采取一定的措施将这些杂质除去，如用手工法除去大块钢筋、木块等杂质，用电磁分离法除去铁质杂质，用重力分离法除去小块木块、塑料等轻质杂质。

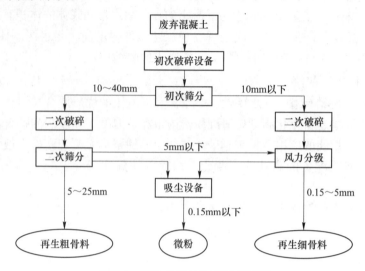

图 3-1　再生骨料的生产工艺原理

### 3.2.4.2　废旧建筑混凝土作粗骨料拌制再生混凝土

再生粗骨料的粒形与原生碎石相差不大，按公式 $SF = C/\sqrt{AB}$ 计算得到的再生粗骨料和原生碎石的性状系数，均在 0.7~0.9 之间（其中 $A$、$B$、$C$ 分别代表长、中、短轴）。与原生碎石相比，再生粗骨料的表面异常粗糙，因为再生粗骨料表面附有硬化水泥浆体而凹凸不平，非常不规则。再生粗骨料、卵石和碎石三者的相对表面粗糙度相比，碎石表面粗糙度比卵石表面粗糙度高，而再生粗骨料表面粗糙度比碎石表面粗糙度高。用再生粗骨料拌制混凝土，砂率应比碎石拌制混凝土时提高 1%~2%。

A　再生粗骨料应用于喷射混凝土

分别采用干拌法和湿拌法将再生粗骨料应用于喷射混凝土中，并用同湿拌法喷射混凝土相同的拌和物拌制浇筑混凝土，可得出以下结论：

（1）采用再生粗骨料的喷射混凝土，纤维与材料的回弹率均较小。这对于再生粗骨料在喷射混凝土的应用，是一个很有意义的发现。这是因为回弹是喷射混凝土中的一个主要问题，为了减少回弹率往往要采用昂贵的外加剂，如硅灰。采用再生粗骨料生产喷射混凝土，则有可能无需采用该外加剂。

（2）再生粗骨料的采用，导致三种混凝土的抗压强度和劈裂抗拉强度明显下降。湿拌法喷射混凝土的抗压强度和劈裂抗拉强度几乎与浇筑混凝土相同，湿拌法喷射混凝土和浇筑混凝土的抗压强度和劈裂抗拉强度均略高于干拌法喷射混凝土。

（3）三种混凝土的 28 天龄期混凝土的压应力-应变曲线变化趋势完全一致。天然骨料混凝土的强度（应力峰值）明显高于再生骨料混凝土。但在曲线的后峰值部分，天然骨料拌和物的荷载有着灾难性的突然下降，而再生骨料拌和物的情况则与此相反，其荷载是缓慢地比较平稳地下降的。

（4）当混凝土龄期超过 28 天时，与天然骨料混凝土相比，三种混凝土的再生骨料拌和物压应力-应变曲线的峰值应变均要高得多，而在压应力-应变曲线的后峰值部分，其延性也明显较大，而且后峰值能量的吸收能力也较大。喷射混凝土的变形能力和延性，在某些情况下甚至比抗压强度更重要。在许多应用中，特别是在软弱基层的情况下，喷射材料的变形能力比承受较高应力更为重要。所以上述的观测结果，对于再生粗骨料在喷射混凝土中的应用是意义重大的。

由于再生粗骨料喷射混凝土具有回弹率较小、荷载在压应力-应变曲线的后峰值部分缓慢地且比较平稳地下降以及在压应力-应变曲线的后峰值部分的变形能力和延性较大等优点，可以预料再生骨料在喷射混凝土中使用是大有前途的。

B　高强度废旧混凝土粗骨料拌制高强度再生混凝土

作为研究对象的再生骨料大多来源于旧建筑物拆除产生的混凝土，强度等级普遍偏低，大都在 C40 以下。而混凝土的使用正在朝着高强、高性能的方向发展，越来越多的高强混凝土在建筑物中得到了应用。这些高强度混凝土的未来，不可避免地会成为再生骨料的重要来源。由于普通混凝土和高强混凝土在微观结构上存在的差异，分别以它们作为来源的再生骨料，用于配制混凝土时在宏观性质上也会有所不同。因此，对高强度再生骨料的研究将随着高强、超高强混凝土的应用而越来越重要。

用粉煤灰和再生骨料可配制坍落度 245mm、28 天抗压强度达 54.9MPa 的粉煤灰再生骨料混凝土。

### 3.2.4.3　废旧建筑混凝土作细骨料拌制再生混凝土

A　再生细骨料的特征性能

与再生粗骨料相同，由于再生细骨料中水泥砂浆含量较高，其密度低于天然骨料，含水率明显高于天然骨料，吸水率要远远大于天然骨料。与再生粗骨料相比，其密度稍低，含水率稍高，吸水率则明显增大。如当原生混凝土等级强度为 C50 时，再生细骨料的吸水率达到 12.3%。

B　再生混凝土的性能

同再生粗骨料相比，再生细骨料对再生混凝土抗压强度的影响较大。研究表明：当原生混凝土强度等级为 C40 且再生细骨料取代量由 30% 提高到 50% 时，再生混凝土的 28 天抗压强度则由 42.9MPa 降为 34.3MPa，降幅达 20%；而对同一等级强度的原生混凝土，当再生粗骨料取代量由 30% 提高到 50% 时，再生混凝土的 28 天抗压强度则仅由 46.7MPa 降为 46.6MPa，几乎无变化。

# 3.3　微 晶 玻 璃

微晶玻璃是由特定组成的母玻璃在可控条件下进行晶化热处理，在玻璃基质上生成一种或多种晶体，使原来单一、均匀的玻璃相物质转变成了由微晶相和玻璃相交织在一起的多相复合材料。美国常将微晶玻璃称为微晶陶瓷，日本称为结晶化玻璃，我国多称微晶玻璃。

微晶玻璃的种类繁多，分类方法也各不相同：

（1）按外观可直接分为透明微晶玻璃和不透明微晶玻璃。

（2）按核化原理可分为热敏微晶玻璃、光敏微晶玻璃。

（3）按性能可分为高强度微晶玻璃、耐腐蚀微晶玻璃和低膨胀微晶玻璃等。

（4）按主要组成分可分为铝硅酸盐微晶玻璃、硼酸盐微晶玻璃、磷酸盐微晶玻璃、氟硅酸盐微晶玻璃以及硅酸盐微晶玻璃。

（5）按主要成分的材料来源又可分为矿渣微晶玻璃（使用各种工业废弃物）和技术微晶玻璃（使用纯度较高的玻璃原料）。

微晶玻璃具有机械强度高、耐磨损、化学稳定性好、膨胀系数可调等特性，在建筑装饰、机械工业、电子工业、生物医学、航天工业、核工业、化学工业等领域有广泛的应用前景。此外微晶玻璃也可以应用于生产以下产品：铸石溜槽、铸石管、耐磨地板砖、路旁砖、雕像、屋瓦、排水管、楼梯、隔板、防滑砖、隧道衬里等。

### 3.3.1　微晶玻璃的原料

微晶玻璃的原料有黏土质、石英类和长石类等矿物原料。黏土质矿物原料主要成分为 $SiO_2$ 和 $Al_2O_3$，石英类矿物原料主要成分为 $SiO_2$，长石类矿物原料主要成分为 $K_2O$ 和 $Na_2O$。

各种氧化物在微晶玻璃中的作用：

（1）$SiO_2$。微晶玻璃中的 $SiO_2$ 以"半安定方石英"、"残余石英颗粒"、熔解在玻璃相中的"熔融石英"，以及在莫来石晶体和玻璃态物质中的结合状态存在。作用：$SiO_2$ 是微晶玻璃的主要组分，含量很高，直接影响微晶玻璃的强度及其他性能。但其含量不能过高，如果超过75%以上接近80%，微晶玻璃烧结后热稳定性变坏，易出现自行炸裂现象。

（2）$Al_2O_3$。$Al_2O_3$ 主要是由长石和高岭土引入的，是微晶玻璃的主要组分，一部分存在于莫来石晶体中，另一部分熔于熔体中以玻璃相存在。作用：$Al_2O_3$ 可以提高微晶玻璃的化学稳定性、热稳定性、物理化学性能、力学性能和白度。但是含量多会提高微晶玻璃的烧成温度，若过少（低于15%），则微晶玻璃容易变形。

（3）$K_2O$ 与 $Na_2O$。$K_2O$ 与 $Na_2O$ 主要由长石引入，它们也是微晶玻璃的主要组分。起助熔作用，存在于玻璃相中提高其透明度。一般 $K_2O$ 与 $Na_2O$ 的总量控制在5%以下为宜，否则会急剧地降低微晶玻璃的烧成温度及热稳定性。

### 3.3.2　微晶玻璃的制备工艺

根据多年的研究和开发，制备微晶玻璃的方法主要有三种，分为熔融法、烧结法、溶胶-凝胶法。使用比较广泛的为熔融法和烧结法，这两种方法经过广泛研究和人们对它们的改进，在现如今的制造产业中已经具有比较成熟的工艺流程，适用于大部分工业生产。

#### 3.3.2.1　熔融法

熔融法制备微晶玻璃的生产工艺是最早的微晶玻璃制备工艺，由苏联在20世纪70年代发明。熔融法制备微晶玻璃的主要过程为：对微晶玻璃原料进行粉碎、配料、均匀混合，然后在高温下熔化，得到均匀的基础玻璃液，然后在预热模具中浇铸，成型后的基础玻璃在设计好的热处理制度下处理后得到微晶玻璃成品。由于熔融法熔制的基础玻璃均匀致密，无非均匀形核的诱发点，需要在配方中加入目标晶核剂，以保证基础玻璃通过非均匀形核实现整体析晶。

熔融法最大的优点在于制备过程中成型工艺流程相对简单，可直接采用普通玻璃材料加工工艺，这种工艺在现代技术中十分成熟，日常中的吹制、压制、浇注等都属于此类工艺制造。但熔融法制备微晶玻璃目前也存在一些待解决的问题，熔炼温度过高（大多在1400~1600℃），需求的热能耗太高，由此造成制备工艺能耗较大。熔融法制备微晶玻璃的工艺流程如图3-2所示。

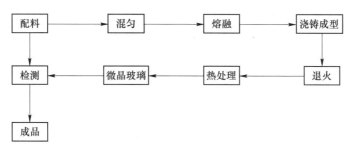

图3-2　熔融法制备工艺流程

### 3.3.2.2　烧结法

烧结法制备微晶玻璃工艺的特点在于，需将熔融玻璃液淬火并与着色剂及其他添加剂混合均匀后，置于固定形状模具中进行烧结，在烧结过程中，基础玻璃粉在表面能较高的粉体界面发生形核、生长，得到完成结晶的微晶玻璃成品，一般不需要晶核剂的引入。烧结法制备微晶玻璃的工艺流程如图3-3所示。

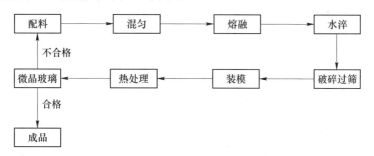

图3-3　烧结法制备工艺流程

与熔融法相比，烧结法生产温度较低，能耗相对较小，能够明显节约能耗。但在烧结过程中，会使玻璃的黏度增大，降低其流动性，使烧结过程难以进行下去。CAS系（CaO-$Al_2O_3$-$SiO_2$）、MAS系（MgO-$Al_2O_3$-$SiO_2$）等体系微晶玻璃都是利用这类方法进行生产的。

### 3.3.2.3　溶胶-凝胶法

溶胶-凝胶法在低温下甚至室温下就可制备微晶玻璃，进而取代了高温的固相反应。其制备工艺过程是先将其氧化物的前驱体有机或无机化合物溶液化，再通过溶胶-凝胶的制备过程以加热或其他理化方式对其进行固化成型。

和前两种方法相比较，该法在制备前驱体的过程中即对材料的形状进行了控制，保证材料的均匀程度可达到纳米级水平；拓宽组成范围，能够制得更多其他传统方法不能得到的材料。但其制备成本高，原料价格昂贵，生产周期较长，基础物料的尺寸在制备过程中变化比较大。所以，该法目前主要限于光学材料、磁学材料以及特殊微晶玻璃中的生物活性微晶玻璃等高端领域。

### 3.3.3 微晶玻璃的特点

与其他材料相比，微晶玻璃的主要特点表现在以下几个方面：

（1）性能优良。熔融玻璃可以得到均匀的状态，而且析晶过程能够严格控制，因而可获得极细晶粒、没有孔隙等缺陷的均匀结构，这种结构使得微晶玻璃比一般陶瓷、玻璃具有更好的强度、耐磨性、电绝缘性和硬度等。

（2）尺寸稳定。通常的陶瓷在干燥或者烧成过程中会发生较大的体积收缩（40% ~ 50%），这种尺寸的变化容易产生变形，而由玻璃转变为微晶玻璃时，发生的尺寸变化小且可控。

（3）制备工艺简单。微晶玻璃可利用整个玻璃制造工艺，形成各种形状复杂的制品。

（4）性能可设计。微晶玻璃组成范围广泛，其热处理过程可控制，因此，各种类型的晶体都可按照控制的比例生产出来，从而使微晶玻璃的性能可以通过对组成和结构的控制来设计，如微晶玻璃的膨胀系数可以从负值调整到正值。

（5）可与金属焊接。由于微晶玻璃是从玻璃熔制开始的，它在熔融状态下能够"润湿"别的材料，因此可用较简单的方法把它和金属结合到一起。

（6）制造成本低。制造微晶玻璃的原料非常广泛，特别是生产矿渣微晶玻璃时，可利用工业废料，有利于环境保护和可持续发展。

### 3.3.4 微晶玻璃的性质

微晶玻璃之所以能展示出特殊的优异性能，归因于两个关键因素：一是化学组成的多样性；二是微观结构的多样性。

微晶玻璃具有许多优良性能，如密度小、质地致密没有气孔、不透水、不透气、软化温度高、化学稳定性及热稳定性好、机械强度和硬度高、电学性能优良等，见表3-5和表3-6。

**表3-5　微晶玻璃特别有利的性能**

| 加工性能 | 可采用轧制、铸造、压制、旋涂、压延、吹制等方法 |
|---|---|
| 热学性能 | 可按需控制膨胀特性，获得零膨胀甚至负膨胀系数耐高温 |
| 光学性能 | 透明、半透明或者不透明 |
| | 可产生光诱导效应 |
| | 可着色 |
| | 可产生乳白光或者荧光 |
| 生物性能 | 生物兼容性 |
| | 生物活性 |
| 力学性能 | 可机械加工 |
| | 强度高、硬度高 |
| 电磁学性能 | 绝缘特性（低介电损耗、高电阻） |
| | 离子导电和超导性能 |
| | 铁磁性 |

**表 3-6　微晶玻璃特别有利的组合性能**

| |
| --- |
| 力学性能（可机械加工）+热性能（耐高温） |
| 热特性（零膨胀+耐高温）+化学稳定性 |
| 力学性能（强度）+光学性能（透明/半透明性）+有利的加工特性 |
| 强度+半透明性+生物特性+有利的加工特性 |

### 3.3.5　微晶玻璃用无机非金属资源

微晶玻璃是一种用途很广的新型无机材料，且生产微晶玻璃的原料极为丰富，除采用岩石外，还可以采用尾矿、高炉渣、钢渣、铬渣、镍渣、钛渣、粉煤灰等作原料。

#### 3.3.5.1　尾矿生产微晶玻璃

尾矿主要成分一般以 $SiO_2$、$CaO$、$Al_2O_3$、$MgO$ 等形式存在，而这些成分也是微晶玻璃生产所需的重要原料。通过合适的生产工艺利用尾矿制备微晶玻璃是一项"变废为宝"的可行技术。

**A　铁尾矿微晶玻璃**

利用鞍山地区铁尾矿高硅高铝特点，添加一定量的铝矾和高钛渣，可以制备出主晶相为堇青石的微晶玻璃。以铁尾矿、菱镁石尾矿配以工业铝矾土为主要原料，添加 $TiO_2$ 为晶核剂，可制备出条状晶体的堇青石微晶玻璃，尾矿的利用率可以达到70%以上。以铁尾矿为主要原料，探究烧结温度对微晶玻璃制品的影响，结果表明，在1150℃烧结时样品的密度、莫氏硬度以及抗压强度最好。

因此，利用铁尾矿制备性能优良的微晶玻璃是可行的。但是铁尾矿成分复杂，且铁氧化物含量较高，有必要对铁氧化物对微晶玻璃的性能影响进行深入探究。

**B　金尾矿微晶玻璃**

含金矿石经过粉碎，采用悬浮法将黄金提取后剩下的废渣就是金尾矿。金尾矿中通常含有 $Al_2O_3$、$CaO$、$SiO_2$ 等氧化物，对金尾矿进行合理配料可以生产微晶玻璃。

以陕西地区金尾矿为原料，采用高温熔融法制备了以辉石和透辉石为主晶相的微晶玻璃，在850~1000℃内，晶化温度的升高有助于结晶性能和晶体形貌的改善，当核化温度为820℃、晶化温度为950℃时，所得样品的力学性能最好，可以应用于机械工程领域和建筑装饰行业。以焦家金尾矿配以石英砂和石灰石为主要原料，通过控制烧结最高温度和晶化保温时间来控制析晶量，制备了以硅灰石相为主晶相的微晶玻璃。在制备过程中加入着色剂使得生产出来的微晶玻璃呈现黄、绿和灰多个花色，可用于装饰行业微晶玻璃板材的工业化生产，尾矿利用率高达60%，资源综合利用率近90%，降低原料成本30%，综合成本20%，具有显著的环境和经济效益，为金尾矿的再利用提供了一条新的途径。

**C　铜尾矿微晶玻璃**

以高钙高铁低硅型的铜尾矿为原料，采用烧结法制备了 $CaO\text{-}MgO\text{-}Al_2O_3\text{-}SiO_2$ 四元系的微晶玻璃，其主晶相为透辉石和辉石。该微晶玻璃制品的光泽度、干燥状态弯曲强度以及水饱和状态弯曲强度均达到国家标准，可作为建材原料使用。

以江西德兴地区的铜尾矿和宜春的钽铌尾矿为主要原料，添加少量萤石作为晶核剂，制备出热膨胀性能和热稳定性较好的 β-硅灰石为主晶相的微晶玻璃，研究表明，适当加入 CaO 可促进主晶相 β-硅灰石的析出，铜尾矿和钽铌尾矿的用量可分别达 40% 和 20%。

D　其他尾矿微晶玻璃

以稀土尾矿为主要原料，探究 $Al_2O_3$ 添加量对 $CaO-Al_2O_3-SiO_2$ 系微晶玻璃性能的影响。当 $Al_2O_3$ 添加量从 3.20% 增加到 9.62% 时，试样的主晶相均为透辉石和钙长石，$Al_2O_3$ 含量的增加会降低微晶玻璃的核化温度和析晶温度。当 $Al_2O_3$ 的添加量为 6.43% 时，试样的耐磨性和硬度最优，抗折强度最大为 200.11MPa。

以花岗岩尾矿为主要原料制备出 $CaO-MgO-Al_2O_3-SiO_2$ 系微晶玻璃，探究不同晶核剂 $Fe_2O_3$ 和 $ZrO_2$ 及添加量对微晶玻璃析晶行为的影响。结果表明：不添加晶核剂和分别添加 4% $Fe_2O_3$ 和 4% $ZrO_2$ 时，主晶相均为斜长石，析晶方式为表面析晶；当同时添加 4% $Fe_2O_3$ 和 4% $ZrO_2$ 时，试样经过热处理后主晶相为透辉石，析晶方式为整体析晶。

以高岭土尾矿为主要原料，制备了以堇青石为主晶相的 $MgO-Al_2O_3-SiO_2$ 系微晶玻璃，当烧结温度为 850℃ 时，试样的主晶相为 α-堇青石和 μ-堇青石；当烧结温度升至 900℃ 和 950℃ 时，主晶相转变为 α-堇青石，所得制品的电学性能可以满足电子封装要求，尾矿添加量可达 55%。

### 3.3.5.2　高炉渣生产微晶玻璃

高炉渣作为一种性能良好的硅酸盐材料，它的基础组分有 $SiO_2$、$Al_2O_3$、MgO 和 CaO 等，是制作微晶玻璃的优良原料。

在固定式或回转式炉中，将高炉渣与硅石和结晶促进剂一起熔化成液体，然后用吹、压等一般玻璃成型方法成型，并在 730~830℃ 下保温 3h，再升温到 1000~1100℃ 保温 3h 使其结晶，冷却后即为矿渣微晶玻璃。加热与冷却速度小于 5℃/min，结晶促进剂为氟化物、磷酸盐和铬、锰、铁、锌等多种金属氧化物，用量为 5%~10%。矿渣微晶玻璃比高碳钢硬，比铝轻，力学性能比普通玻璃好，耐磨性不亚于铸石，电绝缘性能与高频瓷接近，热稳定性好。矿渣微晶玻璃的性能见表 3-7。

**表 3-7　矿渣微晶玻璃性能**

| 名称 | 容量 /$g \cdot cm^{-3}$ | 抗折强度 /MPa | 抗压强度 /MPa | 冲击值 | 软化点 /℃ | 使用温度 /℃ | 在硫酸盐中的防腐蚀性/% | 耐碱性 /% | 吸水率 /% |
|---|---|---|---|---|---|---|---|---|---|
| 矿渣微晶玻璃 | 2.5~2.65 | 90~130 | 500~600 | 为玻璃的 3~4 倍以上 | 950 | 750 以下 | 99.8 | 97.0 | 0 |

### 3.3.5.3　高炉渣生产微晶泡沫玻璃

以含 $TiO_2$ 14%~29% 的高炉渣为基础原料，适量引入硅质原料生成玻璃态物质，再添加发泡剂、稳泡剂、助熔剂，并以特定热处理制度制备泡沫玻璃。其解决了以往含钛高炉渣较难利用、处理的问题和材料制备领域含钛高炉渣利用率偏低的问题，该方法既为含钛高炉渣的利用开辟了新途径，也为生产找到了十分廉价的原料，具有生产成本低、产品质量好、生产操作简单、无二次污染等优点。

针对含钛高炉渣自主研制的发泡陶瓷保温板材，采用国际先进的生产工艺和发泡技术，经高温烧结而成，具有 A1 级防火、保温、防腐、防霉、防水、抗冻融、防辐射、隔声、隔热、与建筑同寿命等 10 大特性。该产品广泛应用于建筑保温、工业防腐等领域，如装配式隔墙、外墙防火保温、防火隔离带、自保温墙体系统、隔音隔热、屋面防水保温、地面防潮以及烟囱工业管道等异形构件的保护。

### 3.3.5.4 钢渣生产微晶玻璃

生成微晶玻璃的化学组成选择范围很宽，钢渣的基本化学组成就是硅酸盐成分，其成分一般都在微晶玻璃形成范围内，能满足制备微晶玻璃化学组分的要求。例如，以钢渣为主要原料，通过掺入其他辅助原料，可制备出主晶相为 β-硅灰石的微晶玻璃，其外表美观，性能优良，且钢渣利用率达到 50% 左右。

### 3.3.5.5 含硼固废生产微晶玻璃

硼镁铁矿冶金过程产生的含硼废渣或化工过程产生的硼泥富含 $MgO$、$SiO_2$、$B_2O_3$、$Na_2O$ 等制备微晶玻璃的有益组分，可用于制备微晶玻璃。

以硼泥和废玻璃为基础原料制备硼硅酸盐微晶泡沫玻璃，当废玻璃粉和脱镁硼泥的质量比为 8:2、发泡剂 $MnO_2$ 掺量为 4%~6%、助熔剂 $Na_2SiF_6$ 掺量为 4%~5%、稳泡剂 $Na_3PO_4$ 掺量为 1%~2%，在 1150℃ 发泡保温 30min，可制备出性能优异的硼硅酸盐泡沫玻璃，其吸水率 0.31%，表观密度 812kg/m³，抗压强度 10.5MPa，导热系数 0.18W/(m·K)。

采用含硼固废制备微晶泡沫玻璃，成本较低，工艺简单，而且烧成温度不高，节约能源，能够得到性能优良的产品。

# 3.4 建 筑 制 品

## 3.4.1 矿渣棉

矿渣棉是利用工业废料矿渣（高炉矿渣或铜矿渣、铝矿渣等）为主要原料，经熔化、采用高速离心法或喷吹法等工艺制成的棉丝状无机纤维。它具有质轻、导热系数小、不燃烧、防蛀、价廉、耐腐蚀、化学稳定性好、吸声性能好等特点。可用于建筑物的填充绝热、吸声、隔声，制氧机和冷库保冷及各种热力设备填充隔热等。其化学成分和物理性能见表 3-8 和表 3-9。

表 3-8 矿渣棉的化学成分

| 组 成 | $SiO_2$ | $Al_2O_3$ | CaO | MgO | S |
|---|---|---|---|---|---|
| 质量分数/% | 32~42 | 8~13 | 32~43 | 5~10 | 0.1~0.2 |

表 3-9 矿渣棉的物理性能

| 热导率/W·(m·K)⁻¹ | 烧结温度/℃ | 密度/g·cm⁻³ | 纤维细度/μm | 使用温度范围/℃ |
|---|---|---|---|---|
| 0.033~0.041 | 780~820 | 0.13~0.15 | 4~6 | −200~800 |

### 3.4.1.1 高炉渣生产矿渣棉

目前，许多国家都采用高炉渣生产矿渣棉。

以高炉渣为主要原料，加入白云石、玄武岩等成分及燃料一起加热熔化后，采用高速离心法或喷吹法制成矿渣棉，生产流程如图3-4所示。该矿渣棉具有质轻、保温、隔热、隔声、防震性能，可制成多种规格的板、毡、管壳等制品，广泛应用于冶金、机械、建筑、化工和交通等部门。

图3-4　喷吹法生产矿渣棉的工艺流程

### 3.4.1.2 铜渣生产矿渣棉

将铜渣与电厂的水淬成粒状玻璃态煤渣混合配料，在池窑内熔化，熔融体经离心机微孔甩成细丝，形成矿渣棉。用铜矿渣生产的矿渣棉纤维细长而柔软，平均粒径 $4 \sim 5\mu m$，渣球含量7%左右，容重100kg/m$^3$，导热系数0.28W/(m·K)。

### 3.4.1.3 铬渣生产矿渣棉

用铬渣制成的渣棉的质量和性能与矿渣棉基本相同，该渣棉是在1400℃的高温下还原解毒，因此解毒彻底。浸液毒性试验结果表明，矿渣棉水溶性 $Cr^{6+}$ 含量为 0.15mg/kg，大大低于有关固体废物污染控制标准。

## 3.4.2 铸石

铸石是一种经加工而成的硅酸盐结晶材料，采用天然岩石（玄武岩、辉绿岩等基性岩，以及页岩）或工业废渣（高炉矿渣、钢渣、铜渣、铬渣、铁合金渣等）为主要原料，经配料、熔融、浇注、热处理等工序制成的晶体排列规整、质地坚硬、细腻的非金属工业材料。

铸石具有很好的耐腐蚀、耐磨性能，其耐酸碱性可达99%以上，耐磨性比锰钢高 5~10 倍，比碳素钢高数十倍；其莫氏硬度 7~8，仅次于金刚石和刚玉。但其韧性、抗冲击性较差，切削加工困难。

铸石制品主要有铸石管、铸石复合管、铸石板和铸石料，已被广泛应用在电力、煤炭、矿山、冶金、化工、建筑等工业部门的严重磨损、腐蚀部位，如刮板输送机底衬、溜槽里衬、风机壳内衬、磨机进出料装置等部位。可延长部件或设备的使用寿命为其他材料的十几倍乃至几十倍。

我国某铁合金厂生产的硅锰渣铸石物理性能与辉绿岩铸石对比见表3-10。由此可见，硅锰渣铸石不仅性能好，而且节约能源消耗（省去天然辉绿岩的加热熔化过程）以及天然资源。

表 3-10 硅锰合金渣铸石和辉绿岩铸石物理性能

| 名　称 | 密度 /g·cm⁻³ | 莫氏硬度 | 抗冲击强度 /kg·cm·cm⁻³ | 耐磨系数 /g·cm⁻² | 热稳定性 | |
|---|---|---|---|---|---|---|
| | | | | | 300℃入水 | 200℃入水 |
| 锰硅合金渣铸石 | 2.8~3.0 | 7~8 | 100~250 | 0.3~0.4 | 3~4次 | |
| 辉绿岩铸石 | 2.8~3.0 | 7~8 | 50~105 | 0.4~0.6 | | 1~2次 |

### 3.4.3 砌块

砌块是一种比黏土砖体型大的块状建筑制品。其原材料来源广、品种多，可就地取材，价格便宜。按尺寸大小分为大型、中型、小型三类。目前中国以生产中小型砌块为主。块高在 380~940mm 者为中型；块高小于 380mm 者为小型。按材料分为混凝土、水泥砂浆、加气混凝土、粉煤灰硅酸盐、煤矸石、人工陶粒、矿渣废料等砌块；按结构构造砌块分为密实的和空心的两种，空心的又有圆孔、方孔、椭圆孔、单排孔、多排孔等空心砌块。密实的或空心的砌块，都能作承重墙和隔断作用。其中，加气的砌块是目前常用的硅钙反应砌体材料。

我国是采用砌块较早的国家之一，早在 20 世纪 30 年代，上海便用小型空心砌块建造住宅。50 年代，北京、上海等地利用水泥、砂石、炉渣、石灰等生产了中小型砌块。60 年代上海等地利用粉煤灰、石灰、石膏和炉渣等制成粉煤灰硅酸盐中型砌块，同时还研制了砌块成型机和轻型吊具，推动了砌块建筑的发展。粉煤灰硅酸盐中型砌块已大量应用并不断改进。近年来又研制了楼面砌块起重机，施工工艺更趋成熟。

#### 3.4.3.1 脱硫石膏粉煤灰砌块

以脱硫石膏与粉煤灰一起作为原料生产石膏砌块，可以添加复合减水剂和早强剂用以改善硬化体孔的结构，进而使砌块的强度和耐水性都增加。脱硫石膏与粉煤灰一起生产石膏砌块，使脱硫石膏和粉煤灰都得到了综合利用，且砌块的生产成本低，是一种节能的建筑材料制品。也可以用矿渣替代粉煤灰，再添加少量的激发剂，可以生产出性能优异的脱硫石膏砌块。

目前的石膏砌块技术主要使用手工模具进行生产，但是这种工艺的规模一般比较小，生产效率不高而且增加了工人的劳动强度。

#### 3.4.3.2 粉煤灰硅酸盐砌块

粉煤灰硅酸盐砌块是以粉煤灰、石灰、石膏为胶凝材料，煤渣、高炉渣为骨料，加水搅拌、振动成型、蒸汽养护而成的墙体材料。

为了加速制品中胶凝材料的水热合成反应，使制品在较短时间内凝结硬化达到预期的强度要求，需要对成型后制品进行蒸汽养护。蒸汽养护可用常压蒸汽养护或高压蒸汽养护。粉煤灰砌块的密度为 1300~1550kg/m³，抗压强度为 9.80~19.60MPa，其他物理力学性能也均能满足一般墙体材料的要求。

#### 3.4.3.3 钢渣生产砌块

用钢渣生产砌块，主要利用钢渣中的水硬性矿物，在激发剂和水化介质的作用下进行反应，生成系列氢氧化钙、水化硅酸钙、水化铝酸钙等新的硬化体。

A  钢渣粉煤灰生产砌块

其主要方法为：利用 90% 的钢渣和粉煤灰，掺入 10% 的激发剂，经搅拌加工成型，自然养护或蒸汽养护成砌块。这种钢渣砌块的容重为 1513~1657kg/m³，抗压强度为 10~15MPa。该工艺具有简单、成本低、能耗省、性能好、生产周期短、投产快等优点。

B  钢渣生产高强度空心砌块

钢渣小型空心砌块是钢渣、胶凝材料、轻集料、水以及化学外加剂等按一定比例经强制搅拌，浇注成形，脱模干燥，养护而成。其性能优良，钢渣利用率达到 50%，具有体轻、高强、隔热、保温、成本低、工艺简单、生产周期短的优点，是一种高强、利废、节能与高效能的新型绿色墙体材料。

但利用钢渣生产空心砌块要注意一个问题，即钢渣中存在较多的游离氧化钙（f-CaO）等活性且不易消解的物质，必须首先经过消解过程后判定钢渣安定性稳定的程度，才能确定其能否应用。

### 3.4.4  砖

#### 3.4.4.1  尾矿制砖

由尾矿制砖，按照制造工艺不同，可将产品分为烧结砖、水化合成砖和胶结砖。在实际开发过程中采用何种工艺制砖，主要视尾矿的矿物组成、颗粒分布、物理、化学等性能而定。

A  尾矿烧结砖

尾矿烧结砖，按其成型方式不同，可分为塑性成型砖和压制成型砖。前者是通过配料调节尾矿的可塑性和烧结性能，其生产工艺与普通的黏土砖无异；后者是以尾矿作为主要组成原料，加入适量黏土或其他黏结材料，在压力机上压制成型，然后经过干燥、焙烧，制得产品。

a  尾矿烧结砖的工艺原理

尾矿烧结砖的形成，基本上是在无液相的条件下，通过固相反应和烧结完成的。固相反应通常是由若干个简单的物理和化学过程，如化学反应、扩散、结晶、熔融、升华等步骤综合而成。固相反应的结果是，原矿物逐渐消失，界面上形成的新矿物相逐渐扩张，最终形成化学成分与原系统相同，但矿物成分与原系统不同的新的硅酸盐系统，从而赋予烧结体不同于尾矿配合料的物理与化学性质。

烧结，也是该类材料形成的重要机理之一。它是指由固体粉状成型体在低于其熔点温度下，使物质自发地充填颗粒间隙而致密化的过程。

b  尾矿烧结砖的工艺过程

尾矿烧结砖的工艺，一般都要经过如下几个基本阶段：原料处理→配料→坯料制备与成型→干燥→焙烧。

B  水化合成尾矿建材

无水或贫水的尾矿矿物，在含水（包括蒸汽）的环境中发生水化反应，并生成在使用条件下化学性质稳定、具有一定机械强度的含水矿物结合体的过程称为水化合成。由此所制得的建材产品称为水化合成尾矿建材。又由于这类建材产品的主要组成物相为一些含水的硅酸盐矿物，因此，通常又将其称为硅酸盐建筑制品。

已开发成功的水化合成尾矿建材产品主要有：各种免烧砖、加气混凝土砌块、硅酸盐混凝土空心砌块、铺路砌块、装饰砌块以及硅酸盐微孔保温材料等。

按照尾矿在材料中的作用，可将其分为三种利用形式：

（1）仅当作骨料使用，在制品结构中主要起支撑骨架作用，水化合成反应仅发生于其颗粒表面。

（2）用作胶结料，通常称为磨细尾矿。主要作用是通过化学反应，合成出新的凝胶体或结晶矿物连生体，将骨料胶结成一个整体。

（3）采用自然粒级的尾矿砂，直接与碱性激发剂混合，依靠界面反应实现结合，用以生产尾矿砖类产品。对于这种形式的尾矿，在化学成分上无特殊要求，但为了确保制品满足产品标准，尾矿中石英的含量不宜低于30%，云母、黏土、碳酸盐、有机物等低强度、非活性杂质含量，最好不高于2%~3%。

按照成型混合料的化学活性差别，水化合成尾矿建材的养护可采用自然养护、标准养护、太阳能养护、热（盐）水养护、干热养护、蒸气养护、蒸压养护、浸渍养护、碳化等方法。

蒸压养护是最常用的方法。它的基本原理是：将成型的尾矿建材坯体置于蒸压釜中，通入高压饱和蒸汽，在175~300℃的水热环境条件下，尾矿及校正材料中的组分发生溶解、分解、水解、含水矿物的合成与结晶、凝胶结构和结晶连生结构的形成等一系列物理化学反应，最终形成坚硬的石状制品。

C　胶结型尾矿建材

胶结型尾矿建材是指在常温或不高于100℃条件下，通过胶结材料将尾矿颗粒结合成整体，而制成的具有规则外形和满足使用条件的建筑用材料或制品。在这类材料中，尾矿主要起骨料（又称集料）作用，一般不参与材料形成的化学反应，但其本身的形态、颗粒分布、表面状态、机械强度、化学稳定性等性质，却对材料的技术性能具有重要影响。目前，对于这类尾矿建材的开发已经有一定规模。主要产品有尾矿混凝土及混凝土构件、尾矿免蒸免烧砖、尾矿铺路砖和地砖、尾矿充填料与灌浆料、尾矿沥青混凝土材料等。

### 3.4.4.2　高炉水渣生产矿渣砖

由于水渣不具有足够的独立水硬性，生产矿渣砖时需加入激发剂。常用的激发剂有碱性激发剂（水泥成石灰）和硫酸盐激发剂（石膏）两类，可以单独使用，也可以复合使用。使用石灰作激发剂时，其作用机理是石灰中的CaO和水渣中具有独立水硬性或低水硬性的矿物如 $C_2S$ 和 $C_3AS$ 等进行水化作用而生成水化产物，凝结硬化后产生强度。石灰的添加量为10%~15%，且应磨细后加入，若石灰颗粒过大（大于900孔/cm² 筛），在砖坯内消化时因体积膨胀产生巨大的内应力，会引起砖的开裂。矿渣砖的生产工艺流程如图 3-5 所示，物理性能见表 3-11。

图 3-5　矿渣砖生产工艺流程

表 3-11　矿渣砖物理性能

| 规格<br>/mm | 抗压强度<br>/MPa | 抗折强度<br>/MPa | 密度<br>/kg·m⁻³ | 吸水率<br>/% | 导热系数<br>/W·(m·K)⁻¹ | 磨损系数 | 抗冻性<br>(25 次循环) | 适用范围 |
|---|---|---|---|---|---|---|---|---|
| 240×<br>115×<br>53 | 9.8~19.6 | 24~30 | 2000~<br>2100 | 7~10 | 0.5~0.6 | 0.94 | 合格 | 适于地下与水工建筑，但不适于250℃以上环境 |

### 3.4.4.3　钢渣生产钢渣砖

钢渣可当胶凝材料或骨料，用于生产钢渣砖、地面砖、路缘石、护坡砖等产品。用钢渣生产钢渣砖，主要利用钢渣中的水硬性矿物，在激发剂和水化介质的作用下进行反应，生成系列氢氧化钙、水化硅酸钙、水化铝酸钙等新的硬化体。钢渣经过磨细或加入添加剂，可降低游离氧化钙（f-CaO）的不安定性，适合作建筑材料。如宝冶协力公司利用宝钢的钢渣尾料生产砌块和江岸护坡砖，武钢、涟钢、安钢、石钢、水钢等钢铁公司都已利用钢渣生产砌块或地面砖。

### 3.4.4.4　赤泥制备建筑用砖

赤泥可使混合物料或原料具有黏性和呈棕红色，因此，可用赤泥作原料制成红棕色墙面砖，大量用于建筑物的正面覆盖。由于原料粒度细小，有利于赤泥在陶瓷领域的应用，制成具有高力学性能和良好耐磨性能瓷砖。利用赤泥为主要原料，添加石膏、矿渣等活性物质，可生产免蒸烧砖、空心砖、绝热蜂窝砖、琉璃瓦、保温板材、陶瓷釉面砖等多种墙体材料，它们不仅性能优越，生产工艺简单，且符合新型建材的发展方向。

将赤泥、煤灰、石渣等原材料以适当比例混合，通过添加固化剂加水搅拌，碾压后用挤砖机压制成型，养护后成为赤泥免烧砖，其抗压和抗折强度均大于7.5级砖标准。平果铝公司利用赤泥、粉煤灰、黏土、石灰石四组分配料，经成型、烧成试制的多孔砖，性能指标达到 GB 13544—92 多孔砖标准。烧结砖颜色呈淡黄色，外观质量很好，强度比普通砖高1~2个档次，可替代清水砖使用。

但同时，利用赤泥制备免烧砖这个课题一直存在较大争议。其原因是：一方面，由于赤泥中含碱量过高，导致建筑物反碱；另一方面，赤泥的放射性也远高于国家内照射指数的标准，可能会限制异地运输。

### 3.4.4.5　铬渣制砖

铬渣与煤、黏土混合可烧制建筑用砖。研究表明，由于原料中大量黏土在高温下呈酸性，加之砖坯中煤及其氧化后 CO 的作用，有利于 $Cr^{6+}$ 分解为 $Cr^{3+}$，使成品砖所含 $Cr^{6+}$ 明显下降，特别是制青砖的饮窑（用泥封窑顶，然后在上面圈一个池子，用水将池子灌满，水顺着缝隙渗下去，砖就慢慢地变成了青灰色）工序会形成 CO，不仅将红褐色 $Fe_2O_3$ 还原为青灰色的 $Fe_3O_4$，而且进一步将残余 $Cr^{6+}$ 解毒，效果更好。

不同温度和添加物条件下，铬渣掺入量为3%～30%，解毒效果均良好。当掺入量小于20%时，砖的抗压强度、抗折强度和吸水率均能达到普通烧结砖的国家标准。煅烧温度越高越有利于$Cr^{6+}$的还原，一般控制在970℃以上。当温度为1180℃、铬渣掺入比为30%、粒度为550μm时，仍然能够达到理想的解毒效果。

铬渣制砖工艺简单、运行费用低、节约黏土资源，缺点是需要球磨机磨碎铬渣，一次性投资高，且铬渣制造的砖价低廉，生产成本较高，销售受到限制，其运输可能造成二次污染。

### 3.4.4.6　粉煤灰制砖

#### A　粉煤灰生产蒸养砖

粉煤灰蒸养砖是以粉煤灰和生石灰或其他碱性激发剂为主要原料，也可掺入适量的石膏，并加入一定量的煤渣或水淬矿渣等骨料，经原材料加工、搅拌、消化、轮碾、压制成型、常压或高压蒸汽养护后而制成的一种墙体材料。

蒸养砖的粉煤灰用量可为60%～80%，石灰（或用电石渣）的掺量一般为12%～20%，石膏的掺量为2%～3%。粉煤灰蒸养砖在较短的时间内即可达到预期的产品机械强度和其他物理力学性能指标。

#### B　粉煤灰生产烧结砖

粉煤灰烧结砖是以粉煤灰、黏土及其他工业废料掺和而成的一种墙体材料，其生产工艺、主要设备与普通黏土砖基本相同。

粉煤灰颗粒较普通黏土粗，塑性指数极低，必须掺配一定数量的黏土作黏结剂才能满足砖坯成型要求。当黏土塑性指数大于15时，粉煤灰掺入量可达60%以上；当黏土塑性指数8～14时，粉煤灰掺入量为20%～50%；黏土塑性指数小于7时，掺入粉煤灰坯体很难成型。这是因为粉煤灰中含有一定的碳分，粉煤灰烧结砖属于内燃烧砖。

粉煤灰烧结砖具有质轻、抗压强度高等优点，但其半成品早期强度低，在人工运输和入窑阶段易于脱棱断角，影响成品外观。烧结时，应注意其温度波动不能太大。

### 3.4.4.7　煤矸石制砖

开发利用煤矸石砖代替黏土砖，可节地节能。据统计，我国目前有700多家工厂生产煤矸石砖，每年生产煤矸石砖130多亿块，相当于少挖农田7000多亩，少用煤炭240多万吨。

不同煤矿生产的矸石成分和性质变化很大，并不是所有的矸石均能制砖。其中泥质和碳质矸石质软，易粉碎成型，是生产矸石砖的理想原料；砂质矸石质坚，难粉碎，难成型，一般不宜制砖；含石灰岩高的矸石，在高温焙烧时，由于$CaCO_3$分解放出$CO_2$，能使砖坯崩解、开裂、变形，一般不宜制砖，即使烧制成品，一经受潮吸水后，制品也要产生开裂、崩解现象；含硫铁矿高的矸石，煅烧时产生$SO_2$气体，造成体积膨胀，使制品破裂，烧成遇水后析出黄水，影响外观。因此，制砖煤矸石需对其化学成分、工艺性质等按要求进行选择。

适用制烧结砖的煤矸石化学组成要求是：$SiO_2$为50%～70%，$Al_2O_3$为15%～25%，$Fe_2O_3$为2%～8%，最好不应大于5%，CaO一般控制在2%以内，MgO一般要求含量控制在3%以内，硫一般含量控制在1%以下为宜，钾、钠等主要物理性能也应满足适当要求；

塑性指数一般控制在 7~15 之间；粒度一般要求控制在 3mm 以下，小于 0.5mm 的含量不低于 50%；当 CaO 含量小于 2%时，粒度大于 3mm 的含量应少于 3%，当 CaO 含量大于 2%，料粉中最大粒度应小于 2mm。

　　煤矸石制砖的工艺过程和制黏土砖基本相同，煤矸石砖的质量通常采用强度、抗冻性、吸水率、耐酸碱性等 4 项指标来进行检查和评价，一般还要检查砖的外观特征，如弯曲程度，有无缺棱、掉角、裂纹等。此外，对煤矸石的导热、保温及吸声性能也可以进行检定。一般煤矸石砖的导热率较大，保温性和吸声性能不如黏土砖。

## ———— 本 章 小 结 ————

　　本章介绍了建筑材料的发展历史、建筑材料分类及我国建筑材料工业状况，选择混凝土、微晶玻璃和几种典型建筑制品材料，对其材料组成、分类、性能和生产工艺论述，讨论了几种二次资源在材料制备中的再资源化工艺及作用机理。

## 习　　题

3-1　建筑材料的分类有哪些，用途如何？
3-2　无机非金属资源在建筑材料方面的应用有哪些？并举例详细介绍。

# **4** 无机非金属资源在土壤改良及农业应用

## 4.1 土 壤

### 4.1.1 土壤的基本概念

土壤可以说对任何人都不陌生，人们几乎天天与之打交道，但是由于人们利用它的角度不同，方法不同，因而对它产生的认识也就不同，也就相应地出现了许多定义。

各国学者曾对土壤下过很多不同的定义，例如，抱有地质学观点的学者把土壤看成是陆地表面由岩石风化产生的表土层；抱化学观点的人则认为土壤是含有有机质及矿物质养料的风化层；而抱物理学观点的人却认为土壤是具有一定形态、颜色及层次分明的固体、液体及气体的混合物等。这些定义都是非常片面的，他们只提到了土壤的部分性质，而没有接触到土壤的实质。

苏联土壤学家道库恰耶夫对土壤的发生、发育经过仔细研究后，首先提出土壤是自然成土因素共同影响下发育起来的"历史自然体"。所谓历史自然体，即指土壤是客观存在于自然界并有其发育历史过程的自然物体。

苏联近代土壤学家威廉斯在总结了前人研究成果的基础上，对土壤下了一个较精确的定义，他说，土壤是地球陆地上能够产生植物收获物的疏松表层，是人类赖以生存的主要自然资源之一。

### 4.1.2 土壤的功能

正确认识土壤，掌握土壤的功能，首先应认识以下几个基本观点：

（1）肥力是土壤特有的本质。土壤既然是存在于自然界中的物体，必然具有很多性质，如颜色、密度、质地等。但是这些性质不仅土壤所具有，其他自然体也具有，只有肥力是土壤所独有的性质。因此，肥力是土壤和其他自然体区别最明显的标志。

（2）土壤是环境的产物。土壤有它自己发生、发展的过程，环境因素以及环境变化必将对土壤产生深刻的影响。土壤也是影响人类生存的三大环境要素（大气、水和土壤）之一。因此，考查研究土壤一定要把土壤与周围环境当作一个整体考虑，不但要时刻注意环境对土壤的影响，也要注意土壤对环境的可能影响。

（3）土壤是一个独立的历史自然体。土壤不是简单的混合物，由于独立存在于自然界中，因此受自然界规律的支配。

（4）土壤是一个生命体。土壤不但具有同化和代谢功能，也具有自动调节能力。土壤的这种净化能力和自动调节功能，是维持土壤生态系统相对平衡的基础，是人们在利用土壤过程中不可忽视的基本属性。

### 4.1.3　土壤的基本物质组成

土壤是一个存在于地表的自然体，不论为农地、林地、草地甚至荒地，其基本物质组成都不外乎包括以下几个部分：

（1）土壤的固体部分。包括颗粒大小不同的矿物质颗粒及无定形的有机质颗粒。

1）矿物质颗粒是土壤的骨骼，主要来源于岩石矿物的风化，占整个固体部分的95%以上。各土粒的直径差异很大，大的粗沙，直径达3mm，小的为直径数万分之一毫米的胶体。就整个土体容积而言，约占38%以上。

2）有机质仅占固体部分的百分之几甚至千分之几，主要由生物残体及其腐败物质组成。它对土壤性质与肥力起着极大的作用，土壤中如果没有这一部分，就不能成为土壤。就土体容积而言，有机质约占12%。

（2）液体部分。存在于土壤孔隙中或土粒的周围，主要是水分，但是土壤中的水并非纯粹的水分，而是含有溶解物质（包括多种养料）的土壤溶液。

（3）气体部分。土壤空气主要来自大气，少量是土壤中生物、生物化学和纯化学过程产生的气体。故土壤空气与大气的组成基本相近，但也存在一些差异（见表4-1）。

（4）各种生物。包括各种原生动物和微生物，尤其是微生物。

一般来讲，土壤主要是由固体、液体、气体这三相物质组成，但是这三部分并不是孤立存在的。它们在土壤中并不是混合物的关系，而是构成了一个极其复杂的生物物理化学的体系，土壤中的一切物理化学、生物化学的变化，土壤和大气圈、水圈、岩石圈、生物圈之间物质和能量的转换都与这个体系有关。

**表 4-1　土壤空气与大气组成比较**　　　　　　　　　　　　（容积%）

| 项　目 | 气体组分 | | | 其他气体 |
|---|---|---|---|---|
| | $O_2$ | $CO_2$ | $N_2$ | |
| 近地面大气 | 20.94 | 0.03 | 78.05 | 0.98 |
| 土壤空气 | 18~20.03 | 0.15~0.65 | 78.8~80.24 | — |

### 4.1.4　土壤分类

19世纪末叶，发生土壤学奠基人道库恰耶夫（1846-1903）在研究了俄罗斯平原最肥沃的黑钙土后，提出了土壤是在气候、母质、生物、地形和成土年龄等五大成土因素综合作用下形成的独立的历史自然体。这一成土因素学说的建立，奠定了土壤发生分类的基础。

土壤分类，就是根据土壤的发生发展规律和自然性状，按照一定的分类标准，把自然界的土壤划分为不同的类别。其目的是针对不同类型与性状的土壤，经过合理的利用和改良，获得高的土壤肥力。土壤分类是土壤科学水平的体现。随着土壤科学以及农业生产的发展，土壤分类在逐步完善和发展。

在不同时期，使用不同的土壤分类体系，而在同一时期也会使用不同的土壤分类体系。目前中国土壤分类的现状是两个分类系统并存。一个是定性的《中国土壤分类系统》，它属于土壤发生分类体系；另一个是定量的《中国土壤系统分类》，它属于土壤诊断分类体系。中国现有的大量土壤资料是在土壤发生分类体系条件下积累起来的。但从发展的趋势来看，土壤系统分类已成为国际土壤分类的主流。

#### 4.1.4.1　中国土壤分类系统的分类原则、级别与命名

中国土壤分类系统的原则主要是以土壤发生演变为基础，从成土条件和中心概念着手，以典型土壤和生物气候条件来判断土壤类型。它认为，土壤所具有的剖面形态和理化性状，是在成土因素下形成的，而且可通过一系列物质迁移累积以及能量交换等过程实现演化。土壤形成过程的实质是土体内部复杂的物理、化学和生物演化过程。通过土壤剖面的综合分析，可以推断出土壤的发生演变情况。因此在土壤分类过程中，比较注重成土条件、土壤剖面性状和成土过程的结合。但在实际运用中，并不是仅根据生物气候条件来确定土壤的类型，而是从土壤本身属性及其特征方面具体分析，辨证地看待和运用土壤地带性学说。

中国土壤分类系统共分七级，其中土纲、亚纲、土类、亚类属于高级分类单元，土属、土种和亚种属于基层分类单元。在高级分类中，土类为基本单元，而土种则作为基层分类的基本单元。各级别划分的依据为：

土纲是某些土类共性的归纳，是根据土壤成土过程的共同特点及土壤属性的某些共有特性来划分的。

亚纲是在同一土纲范围内，根据土壤所处水热条件差异所形成的土壤属性的重大差异来划分的。

土类是依据成土条件、成土过程与发生属性的共同性划分的。土类之间在成土条件、成土过程和土壤性状方面有明显的差异。

亚类是同一土类范围内的划分。一个土类中，有代表土类概念的典型亚类，也有表示由一个土类向另一土类过渡的亚类。它是根据主要成土过程以外的附加的成土过程来划分的。这一级分类单元上的土壤改良利用的情况基本一致。

土属是由高级分类单元向基层分类单元过渡的一个中级分类单元。主要是根据地方性因素如成土母质类型、水文地质状况以及人为活动等来划分的。

土种是土壤分类系统中的基层分类单元，它处于相同或相似景观部位，其剖面形态特征在数量上基本一致。同一土种的宜耕性、适种性及限制性因子基本一致。

亚种原称变种，是在同一土种范围内，根据土壤表层的某些差异来划分的。亚种的划分在生产实践中是很有用处的。

中国土壤分类系统的命名采用连续命名和分级命名相结合的方法。土纲和亚纲为一段，以土纲为基础，在土纲的前面叠加形容词或副词构成亚纲名称，亚纲名称为连续命名

法。土类和亚类为一段，以土类名称为基础，加形容词或副词前缀构成亚类名称，也属连续命名法。土属、土种和亚种均不能自成一段，必须与它的上一级分类单元连用。所采用的土壤名称，有些是从国外引进的，有些是从群众中提炼的，也有一部分是根据土壤的特点新创造的。

### 4.1.4.2 中国土壤分类系统高级分类单元

根据土壤分类的原则及全国第二次土壤普查的资料，将各土壤类型系统整理划分与命名，汇总为中国土壤分类系统（见表4-2），表中列出了分类系统的高级分类单元。土壤的基层分类单元详见《中国土种志》。

**表4-2 中国土壤分类系统**

| 土 纲 | 亚 纲 | 土 类 | 亚 类 |
|---|---|---|---|
| 铁铝土 | 湿热铁铝土 | 砖红壤 | 砖红壤、黄色砖红壤 |
| | | 赤红壤 | 赤红壤、黄色赤红壤、赤红壤性土 |
| | | 红壤 | 红壤、黄红壤、棕红壤、山原红壤、红壤性土 |
| | 湿暖铁铝土 | 黄壤 | 黄壤、漂洗黄壤、表溶黄壤、黄壤性土 |
| 淋溶土 | 湿暖淋溶土 | 黄棕壤 | 黄棕壤、暗黄棕壤、黄棕壤性土 |
| | | 黄褐土 | 黄褐土、黏盘黄褐土、白浆化黄褐土、黄褐土性土 |
| | 湿暖温淋溶土 | 棕壤 | 棕壤、白浆化棕壤、潮棕壤、棕壤性土 |
| | 湿温淋溶土 | 暗棕壤 | 暗棕壤、白浆化暗棕壤、草甸暗棕壤、潜育暗棕壤、暗棕壤性土 |
| | | 白浆土 | 白浆土、草甸白浆土、潜育白浆土 |
| | 湿寒温淋溶土 | 棕色针叶林土 | 棕色针叶林土、漂灰棕色针叶林土、表潜棕色针叶林土 |
| | | 漂灰土 | 漂灰土、暗漂灰土 |
| | | 灰化土 | 灰化土 |
| 半淋溶土 | 半湿热半淋溶土 | 燥红土 | 燥红土、褐红土 |
| | 半湿暖温半淋溶土 | 褐土 | 褐土、石灰性褐土、淋溶褐土、潮褐土、墠土、燥褐土、褐土性土 |
| | 半湿温半淋溶性土 | 灰褐土 | 灰褐土、暗灰褐土、淋溶灰褐土、石灰性灰褐土、灰褐土性土 |
| | | 黑土 | 黑土、草甸黑土、白浆化黑土、表潜黑土 |
| | | 灰色森林土 | 灰色森林土、暗灰色森林土 |
| 钙层土 | 半室温钙层土 | 黑钙土 | 黑钙土、淋溶黑钙土、石灰性黑钙土、淡黑钙土、草甸黑钙土、盐化黑钙土、碱化黑钙土 |
| | 半干湿钙层土 | 栗钙土 | 栗钙土、暗栗钙土、淡栗钙土、草甸栗钙土、盐化栗钙土、碱化栗钙土、栗钙土性土 |
| | 半暖半温钙层土 | 栗褐土 | 栗褐土、淡栗褐土、潮栗褐土 |
| | | 黑垆土 | 黑垆土、黏化黑垆土、潮黑垆土、黑麻土 |
| 干旱土 | 干温干旱土 | 棕钙土 | 棕钙土、淡棕钙土、草甸棕钙土、盐化棕钙土、碱化棕钙土、棕钙土性土 |
| | | 灰钙土 | 灰钙土、淡灰钙土、草甸灰钙土、盐化灰钙土 |

续表 4-2

| 土　纲 | 亚　纲 | 土　类 | 亚　类 |
|---|---|---|---|
| 漠土 | 干温漠土 | 灰漠土 | 灰漠土、钙质灰漠土、草甸灰漠土、盐化灰漠土、碱化灰漠土、灌耕灰漠土 |
| | | 灰棕漠土 | 灰棕漠土、石膏灰棕漠土、石膏盐磐灰棕漠土、灌耕灰棕漠土 |
| | 干暖温漠土 | 棕漠土 | 棕漠土、盐化棕漠土、石膏棕漠土、石膏盐磐棕漠土、灌耕棕漠土 |
| 初育土 | 土质初育土 | 黄绵土 | 黄绵土 |
| | | 红黏土 | 红黏土、积钙化红黏土、复盐基红黏土 |
| | | 新积土 | 新积土、冲积土、珊瑚砂土 |
| | | 龟裂土 | 龟裂土 |
| | | 风沙土 | 荒漠风沙土、草原风沙土、草甸风沙土、滨海沙土 |
| | 石质初育土 | 石灰（岩）土 | 红色石灰土、黑色石灰土、棕色石灰土、黄色石灰土 |
| | | 火山灰土 | 火山灰土、暗火山灰土、基性岩火山灰土 |
| | | 紫色土 | 酸性紫色土、中性紫色土、石灰性紫色土 |
| | | 磷质石灰土 | 磷质石灰土、硬磐磷质石灰土、盐渍磷质石灰土 |
| | | 石质土 | 酸性石质土、中性石质土、钙质石质土、含盐石质土 |
| | | 粗骨土 | 酸性粗骨土、中性粗骨土、钙质粗骨土、硅质粗骨土 |
| 半水成土 | 暗半水成土 | 草甸土 | 草甸土、石灰性草甸土、白浆化草甸土、潜育草甸土、盐化草甸土、碱化草甸土 |
| | 淡半水成土 | 潮土 | 潮土、灰潮土、脱潮土、湿潮土、盐化潮土、碱化潮土、灌淤潮土 |
| | | 砂姜黑土 | 砂姜黑土、石灰性砂姜黑土、盐化砂姜黑土、碱化砂姜黑土、黑黏土 |
| | | 林灌草甸土 | 林灌草甸土、盐化林灌草甸土、碱化林灌草甸土 |
| | | 山地草甸土 | 山地草甸土、山地草原草甸土、山地灌丛草甸土 |
| 水成土 | 矿质水成土 | 沼泽土 | 沼泽土、腐泥沼泽土、泥炭沼泽土、草甸沼泽土、盐化沼泽土、碱化沼泽土 |
| | 有机水成土 | 泥炭土 | 低位泥炭土、中位泥炭土、高位泥炭土 |
| 盐碱土 | 盐土 | 草甸盐土 | 草甸盐土、结壳盐土、沼泽盐土、碱化盐土 |
| | | 滨海盐土 | 滨海盐土、滨海沼泽盐土、滨海潮滩盐土 |
| | | 酸性硫酸性土 | 酸性硫酸盐土、含盐酸性硫酸盐土 |
| | | 漠境盐土 | 漠境盐土、干旱盐土、残余盐土 |
| | | 寒原盐土 | 寒原盐土、寒原硼酸盐土、寒原草甸盐土、寒原碱化盐土 |
| | 碱土 | 碱土 | 草甸碱土、草原碱土、龟裂碱土、盐化碱土、荒漠碱土 |
| 人为土 | 人为水成土 | 水稻土 | 灌育水稻土、淹育水稻土、渗育水稻土、潜育水稻土、脱落水稻土、漂洗水稻土、盐渍水稻土、咸酸水稻土 |
| | 灌淤土 | 灌淤土 | 灌淤土、潮灌淤土、表锈灌淤土、盐化灌淤土 |
| | | 灌漠土 | 灌漠土、灰灌漠土、潮灌漠土、盐化灌漠土 |

| 土　纲 | 亚　纲 | 土　类 | 亚　类 |
|---|---|---|---|
| 高山土 | 湿寒高山土 | 草毡土<br>（高山草甸土） | 草毡土（高山草甸土）、薄草毡土（高山草原草甸土）、棕草毡土（高山灌丛草甸土）、湿草毡土（高山湿草甸土） |
| | | 黑毡土<br>（亚高山草甸土） | 黑毡土（亚高山草甸土）、薄黑毡土（亚高山草原草甸土）、棕黑毡土（亚高山灌丛草甸土）、湿黑毡土（亚高山湿草甸土） |
| | 半湿寒高山土 | 寒钙土<br>（寒山草原土） | 寒钙土（高山草原土）、暗寒钙土（高山草甸草原土）、淡寒钙土（高山荒漠草原土）、盐化寒钙土（高山盐渍草原土） |
| | | 冷钙土<br>（亚高山草原土） | 冷钙土（亚高山草原土）、暗冷钙土（亚高山草甸草原土）、淡冷钙土（亚高山荒漠草原土）、盐化冷钙土（亚高山盐渍草原土） |
| | | 冷棕钙土<br>（山地灌丛草原土） | 冷棕钙土（山地灌丛草原土）、淋淀冷棕钙土（山地淋溶灌丛草原土） |
| | 干寒高山土 | 寒漠土<br>（高山漠土） | 寒漠土（高山漠土） |
| | | 冷漠土<br>（亚高山漠土） | 冷漠土（亚高山漠土） |
| | 寒冻高山土 | 寒冻土<br>（高山寒漠土） | 寒冻土（高山寒漠土） |

## 4.1.5　土壤病症

近几十年来，人类为了自身的生存和发展，过度的索取使得土地缺乏自身的修复，导致了土壤恶化，种种现代化的社会活动导致了土壤污染，包括土壤酸化、沙化、盐渍化及有机物污染、放射性污染、重金属污染等。因此，土壤修复应该引起足够的重视。

# 4.2　肥　　料

## 4.2.1　肥料的种类

直接或间接供给作物所需养分，改善土壤性状，以提高作物产量和改善作物品质的物质，都可称为肥料。

肥料分化学肥料、有机肥料和微生物肥料等三大类。化学肥料是指那些含有植物必需营养元素的无机化合物，它们大多是在工厂里用化学方法合成的，或采用天然矿物生产的，一般也叫做矿质肥料。有机肥料是指含有大量有机质和多种植物所需养分物质的改土肥田物质，它们大多是利用各种动物排泄物、植物残体或农业生产中的废弃物、天然杂草以及城乡生活垃圾等有机物经过简单的处理而成的，因原料绝大部分来自农村，有时也叫农家肥料。微生物肥料简称生物肥，是指含有大量微生物菌剂的微生物制剂，将它们施到土壤中，在适当的条件下进一步生长、繁殖，通过微生物的一系列生命活动，直接给作物提供某些营养元素、激素类物质和各种酶等。

目前，肥料的发展趋势是由低浓度向高浓度、由单一成分向多成分的复合肥或复混肥、从粉状到粒状发展。市场上已经出现了很多诸如复合肥料、混合肥料、混配肥料、液体肥料、叶面肥料、有机无机复混肥料等新型肥料名称。

本书由于是建立在无机非金属二次资源利用的基础上撰写的，所以在本书中主要列举了主要营养元素在植物体内的作用，这些元素相对应的肥料包括氮肥、磷肥、钾肥、钙肥、镁肥、硫肥以及微量元素肥料。

## 4.2.2　氮肥

氮是植物体内含量较多的元素。一般植物体内含氮量占干物质重的 0.3%~5%，其含量因作物种类、器官和发育时期不同而异。土壤中的氮素一般不能满足作物对氮素养分的需求，需靠施肥予以补充和调节。氮肥是我国生产量最大，施用量最多，在农业生产中效果最突出的化学肥料之一。在大多数情况下，施用氮肥都可获得明显的增产效果。然而，氮肥施入土壤后，被作物吸收利用的比例不高，损失严重，对大气和水环境可能造成潜在的危害。因此，科学合理施用氮肥，不仅能降低农业成本，增加作物生产，而且有利于环境保护。

化学氮肥有不同分类法，本书按氮肥的物理性质分类如下：

（1）液体氮肥：液氨、氨水、氮溶液。

（2）固体氮肥：铵盐（硫酸铵、氯化铵、碳酸氢铵）和硝酸盐（硝酸铵、硝酸钠、硝酸钙）。

（3）有机氮肥：尿素和石灰氮。

（4）缓释氮肥：草酰胺、硫衣尿素等。

氮在植物体内的作用：氮是蛋白质、核酸、磷脂的主要成分，而这三者又是原生质、细胞核和生物膜的重要组成部分，它们在生命活动中占有特殊作用，因此，氮被称为生命元素。酶以及许多辅酶和辅基如 $NAD^+$、$NADP^+$、$FAD$ 等的构成也都有氮参与。氮还是某些植物激素如生长素和细胞分裂素，维生素如 B1、B2 等的成分，它们对生命活动起重要的调节作用。此外，氮是叶绿素的成分，与光合作用有密切关系。

植物缺氮时，由于含氮的植物生长激素（生长素和细胞分裂素）质量分数降低等原因，植物生长点的细胞分裂和细胞生长受到抑制，地上部和地下部的生长减慢，植株矮小、瘦弱，植物的分叶或分枝减少。叶片均匀地、成片地转成淡绿色、浅黄色，乃至黄色。叶色发黄始于老叶，由下至上逐渐蔓延。

氮素过多使营养体徒长，细胞壁薄，叶面积增加，叶色浓绿，细胞多汁，植株柔软，易受机械损伤和引起植株的真菌性病害；氮素过多使得作物群体密度大，通风透光不良，易导致中下部叶片早衰，抗性差，易倒伏，结实率下降，如棉花烂铃增加、水果含糖量降低、烤烟的烟叶变厚不易烘烤、豆类结荚少等症状；氮素多过还会增加叶片中硝态氮、亚硝胺类、甜菜碱、草酸等的含量，影响植物油和其他物质的含量，造成作物品质下降、减产，甚至造成土壤理化性状变坏、地下水污染。

### 4.2.3　磷肥

磷是植物营养三要素之一，植物体内磷的含量一般为植株干重的 0.2%～1.1%，大多数作物的含磷量在 0.3%～0.4% 之间，其含量多少因植物种类、生育期与组织器官等不同而异。地壳中磷的平均含量大约为 0.28%，而土壤中磷的含量则变化较大，一般变动在 0.04%～0.25% 之间。我国的许多土壤磷素供应不足，因此施用磷肥是保证作物高产的重要措施。

磷肥有不同分类法，我国主要磷肥种类及分类方式如下：

（1）水溶性磷肥：过磷酸钙、重过磷酸钙。

（2）弱酸性磷肥：钙镁磷肥、其他枸溶性磷肥（钢渣磷肥、沉淀磷肥、脱氟磷肥和偏磷酸钙等）。

（3）难溶性磷肥：磷矿粉、骨粉。

磷在植物体内的作用：磷是植物体内重要有机化合物的组成元素（核酸、蛋白质、磷脂、植素、高能磷酸化合物及其他含磷的有机化合物），磷能促进蛋白质的形成、促进碳水化合物的合成、促进脂肪的代谢、提高作物的抗逆能力和适应能力。

缺磷对植物的光合作用、呼吸作用及生物合成等过程都产生影响，导致植物体内 RNA 的合成减少，进而影响着蛋白质的合成。从植物的外部形态看，植物在缺磷时，一般首先在老叶表现出症状，叶绿素含量相对增加，叶片的颜色为深绿色，植物生长矮小，细胞缩小，植物的分枝或分叶减少。因为体内碳水化合物代谢受阻，有糖分积累，从而易形成花青素（糖苷）。许多一年生作物（如玉米）的茎会出现典型紫红色症状；果树的叶片会呈褐色且易脱果，果实的品质也非常差；豆科作物则因缺磷导致光合产物减少，其根部得不到足够的光合产物，引起根瘤菌的固氮能力下降，植株生长受影响；小麦幼苗生长缓慢，根系发育不好，分叶减少，茎基部呈紫色，叶色暗绿，略带紫红，穗小粒少，干粒重降低。

植物在缺磷环境下，可通过增加根和根毛的长度、减小根的半径等改变根系形态，增加根系吸收能力。对一些特殊的植物如白羽扇豆会形成特殊的组簇生根，根毛长度和根毛数量都明显提高，而且还会分泌有机酸，酸化根际土壤，从而提高土壤磷的有效性。

施用磷肥过量时，由于植物吸收作用过强，会消耗大量的糖分和能量，植物会产生不良反应。谷类作物会产生无效分叶，瘪粒增加，叶肥厚而密集，繁殖器官过早发育，茎叶生长受到抑制，引起植株早衰；影响水稻对硅的吸收，易产生稻瘟病；叶用蔬菜纤维素的含量增加；烟草的燃烧性差等。此外，施用磷肥过多还会诱发锌、锰等元素代谢的紊乱，常导致植物缺锌症等。

### 4.2.4　钾肥

钾是植物生长发育所必需的营养元素，是肥料三要素之一。绝大多数植物生长都需要大量的钾素供应。科学研究与生产实践证明，施用钾肥对提高作物产量和改进农产品品质有十分重要的作用。近几十年来，我国农业生产的复种指数不断提高，氮、磷化肥用量增加，灌溉条件的改善，高产、矮秆作物品种的引用和推广，单位面积作物产量有了大幅度的增加，作物对钾的需求量也在不断提高。在我国南方多数地区，土壤含钾量偏低，供钾能力明显不足，施用钾肥后，有显著的增产效果。原先被认为含钾量较为丰富的我国北方地区，由于农业的集约化水平和农作物产量的提高，土壤钾素耗竭程度不断加剧，补钾也已成为农业优质、高产、高效必不可少的措施。作物体内钾的含量一般较高，大多数情况下与氮相近，含量多在 $0.5\% \sim 5.0\%$，远超过磷的含量。

常用的钾肥主要有：氯化钾、硫酸钾、窑灰钾肥、草木灰、钾镁肥和硫钾镁肥。

钾在植物体内的作用：钾是植物体中许多酶的活化剂；钾能促进光合作用，提高 $CO_2$ 的同化率、促进碳水化合物的合成和运转、促进蛋白质和核蛋白的合成、增强植物的抗逆性。

植物缺钾时，通常是老叶和叶缘先发黄，进而变褐，焦枯似灼烧状。叶片上出现褐色斑点或斑块，但叶中部叶脉仍保持绿色；严重时，整张叶片变为红棕色或干枯状，坏死脱落，根系少而短，易早衰。不同作物表现缺钾症状各异。水稻、小麦、玉米等禾本科作物：缺钾时下部叶片出现褐色斑点，严重时新叶也出现同样症状。叶、茎柔软下披，茎细弱，节间短，抽穗不整齐，成穗率低，籽粒不饱满。油菜、棉花、大豆和花生：首先脉间出现失绿，进而转黄，呈花斑叶，严重时叶缘焦枯向下卷曲，褐斑沿脉间向内发展。叶表皮组织失水皱缩，逐渐焦枯脱落，植株早衰。甘薯、马铃薯等薯类作物：中、下部老叶叶缘黄化并出现斑点，最后全叶变褐而枯萎。马铃薯节间短，叶面粗糙，向下卷曲，甘薯藤蔓伸长受抑。蔬菜作物：一般在生育后期表现为老叶边缘失绿，出现黄白色斑，变褐、焦枯，并逐渐向上位叶发展，老叶依次脱落。甘蓝叶球不充实；花椰菜花球发育不良；黄瓜下位叶叶尖及叶缘发黄，果实发育不良，常呈头大蒂细的棒槌形；番茄下位叶出现灰白色斑点，叶缘卷曲、干枯、脱落，果实着色不匀，杂色斑驳，肩部常绿色不褪，称"绿背病"。果树作物：苹果新生枝条中下部叶片边缘发黄或呈暗紫色，皱缩，严重时几乎整株叶片呈红褐色，干枯；柑橘严重缺钾时，叶片呈蓝绿色，皱缩，新生枝生长不良；桃树新梢中部叶片边缘和脉间褪绿、起皱、卷曲，随后叶片呈淡红或紫红，叶缘坏死；葡萄叶片变黄，并夹有褐斑，逐渐脱落，新梢生长不良。

钾肥用量过多，由于造成离子不平衡，会影响对其他阳离子特别是镁、钙的吸收，引起作物钙、镁元素的缺乏。

## 4.2.5　钙肥、镁肥及硫肥

钙、镁、硫是植物生长发育所必需的三种营养元素。它们在植物体内的含量低于碳、氢、氧、氮、磷和钾，但高于微量元素，因此，又被称为中量元素。随着氮、磷、钾肥用量的增加和作物产量水平的不断提高，这三种元素供应的不平衡性渐趋明显，缺素症状不断出现。在农业生产中合理施用钙、镁、硫肥，不仅有改良土壤理化性质的作用，而且还可以为作物直接提供养分，因此，越来越引起人们的重视。

### 4.2.5.1　钙肥：生石灰、熟石灰、碳酸石灰

钙在植物体内的作用：钙是细胞壁中胶层的组成成分以及许多酶的活化剂；钙能稳定生物膜结构、参与细胞分裂、防止其他离子的毒害。植物体内含钙量约为干重的 $0.5\% \sim 3\%$。

钙的吸收以被动吸收为主，作物体内钙的移动性差，不能从老组织向幼嫩的组织转移，因此缺钙症状首先表现在根尖、顶芽和幼叶上。作物缺钙时，根系生长受抑制，根尖

从黄白色转为棕色，严重时死亡。植株缺钙节间较短、矮小、早衰、易倒伏，不结实或结实少，幼叶变形卷曲，叶尖出现弯钩状，严重时叶缘发黄或焦枯坏死，甚至顶芽死亡。

常见的缺钙病症有：辣椒和番茄的脐腐病，甘蓝、白菜、莴苣和草莓的焦叶病，马铃薯块茎上附生小块茎，胡萝卜空心、开裂，苹果水心病等。

4.2.5.2　镁肥：硫酸镁、氯化镁、硝酸镁、磷酸铵镁、钾镁肥、钙镁磷肥、菱镁矿

镁在植物体内的作用：镁是叶绿素的结构成分以及多种酶的活化剂；镁能促进碳水化合物和脂肪代谢、参与氮素代谢。植物体内含镁量占干重的 0.05%~0.70%，一般定型叶片中镁的含量在 0.20%~0.25%，低于 0.20% 时则可能出现缺镁症状。

镁在作物体内的移动性较大，它可由老器官向新生组织转移，其再利用程度仅次于氮、钾，而高于磷。因此，缺镁症状首先在下部老叶上出现。缺镁时，先发生叶片脉间失绿，而叶脉仍保持绿色。严重时，整个叶片变为黄色或白色，以致叶肉组织变为褐色而坏死。缺镁的植株矮小，生长缓慢。

多年生果树长期缺镁会阻碍生长，严重时果实小或不能发育；玉米缺镁在下部叶片出现典型的脉间失绿症；柑橘和苹果缺镁在近果实部分的叶黄化，叶片的尖端和边缘发黄，出现橙、赤或紫色，基部仍为绿色，呈"宝塔"型。缺镁不仅影响作物的产量和品质，而且不利于人畜健康，如常见的家畜"草痉挛病"就与牧草含镁量低有关。

4.2.5.3　硫肥：青（绿）矾、硫黄、石膏、硫酸铵、硫酸钾、硫酸镁、硫硝酸铵、过磷酸钙

硫在植物体内的作用：硫是蛋白质和酶的组成元素以及某些生理活性物质的组成成分；硫参与氧化还原反应、固氮过程；同时硫与叶绿素形成有关。植物体内硫含量和磷含量相近，一般为干重的 0.1%~0.5%，平均为 0.25%。

缺硫与缺氮外观症状相似，叶片失绿黄化比较明显。但由于在作物体内硫的移动性不大，难以从老组织向新组织运转，所以缺硫症状首先在幼叶出现，这一点又区别于缺氮症状。缺硫通常抑制生长，作物僵硬、脆弱，茎秆变细，幼叶先变黄色，根细长而不分枝，开花结实推迟，果实减少。

缺硫的玉米和高粱苗期上部叶片先黄化，随后茎和叶缘变红。花生缺硫新叶小且黄化，从叶柄开始直立，出现具有 3 个小叶的"V"形叶片。果树缺硫新叶失绿黄化，严重时顶梢枯死，果实小且畸形。

## 4.2.6　微量元素肥料

植物必需微量元素是指植物正常生长发育所必需，在植物体内含量很低（一般占干物质质量的 0.1% 以下）的元素，包括铁、锌、锰、铜、钼、硼、氯七种元素。微量元素肥料是指含有植物生长必需的微量元素的肥料，简称微肥。微肥种类繁多。按所含微量元素种类分为铁肥、锌肥、锰肥、铜肥、硼肥、钼肥等；按化合物类型分为无机微肥和有机螯合（配合）微肥；按营养组成成分的多少则分为单质微肥、复（混）合微肥。习惯上按所含微量元素种类进行分类。

4.2.6.1　硼肥：硼砂、硼酸、含硼的玻璃肥料、天然硼矿石、硼镁肥、硼泥、含硼复合（混）肥料

硼在植物体内的作用：硼促进植物体内碳水化合物的运输和代谢；硼影响酚类化合

物、木质素和生长素的代谢；硼影响花粉萌发和花粉管的生长；硼能促进分生组织生长和核酸代谢；硼参与半纤维素及有关细胞壁物质的合成。植物体内的硼含量较低，通常在 $2\sim100mg/kg$ 之间。

植物缺硼的共同症状表现：茎尖生长点受抑制，严重时枯萎、死亡；老叶增厚变脆，畸形，新叶皱缩，卷曲失绿，叶柄短而粗；根尖生长停止，粗短呈褐色，侧根加密，根茎以下膨大；花少而小，花粉粒畸形，蕾花脱落，结实率低，果实小，畸形。对硼比较敏感的作物常出现许多典型症状，如花生的"有壳无仁"、甜菜的"腐心病"、油菜的"花而不实"、棉花的"蕾而不花"、花椰菜的"褐心病"、大麦和小麦的"穗而不实"、芹菜的"折茎病"、苹果的"缩果病"、柑橘的"石头果"等。

植物硼中毒症状：硼中毒的症状多出现在成熟叶片的尖端和边缘，呈黄褐色斑块，甚至焦枯，双子叶植物叶边缘焦枯如镶"金边"，单子叶植物叶枯萎早脱。一般桃树、葡萄、无花果、菜豆、黄瓜等对硼中毒敏感，在施用硼肥时不能过量。

**4.2.6.2　钼肥**：钼酸铵、钼酸钠、三氧化钼、钼玻璃、含钼工业废渣

钼在植物体内的作用：钼是硝酸还原酶的组分；钼参与根瘤菌的固氮作用；钼能促进繁殖器官的建成；钼对抗坏血酸的合成有良好作用。植物含钼量低，在 $0.1\sim300mg/kg$ 之间，大多数植物含钼量低于 $1mg/kg$。

植物缺钼的一般症状是叶片失绿，并且出现黄色或橙黄色大小不一的斑点。严重缺钼时叶缘萎蔫，有时叶片扭曲呈杯状，叶片发育不全，老叶变厚、焦枯、死亡。不同植物缺钼症状各异，十字花科的花椰菜缺钼的典型症状是叶片缩小，形成鞭尾状叶，通常称之为"鞭尾病"或"鞭尾现象"；豆科植物叶缘失绿，出现许多灰色小斑并散布全叶，叶片变厚、发皱，有的叶片向上扭曲呈杯状；番茄幼苗期叶片发黄、卷曲，继而新叶出现花斑，缺绿部分向上拱，小叶上卷，叶尖和叶缘皱缩死亡；柑橘叶脉失绿，有的出现橘黄色斑点，即黄斑叶，严重时叶缘卷曲，枯萎死亡。

植物钼中毒症状：植物对钼的忍受能力强，只有当植株体内钼含量超过 $200mg/kg$ 时，才出现毒害症状。茄科表现为叶片失绿；番茄和马铃薯小枝上产生红黄色或金黄色；花椰菜植株呈深紫色。由于作物对钼过量的忍耐力强，钼过多一般不易引起作物中毒，但会影响食用者的健康。如牧草含钼量 $>15mg/kg$，可能对家畜健康有害。

**4.2.6.3　锌肥**

锌肥分为无机锌肥和有机锌肥，其中无机锌肥有：硫酸锌（包括七水硫酸锌和一水硫酸锌）、氧化锌、氯化锌。作锌肥的有机锌螯合物，主要有 $Na_2ZnEDTA$ 和 $Na_2ZnHEDTA$。$Na_2ZnEDTA$ 含锌 14%，是溶于水的粉剂；$Na_2ZnHEDTA$ 含锌 9%，是溶于水的液态。

锌在植物体内的作用：锌参与生长素的合成、参与光合作用、促进蛋白质代谢、促进植物生殖器官的发育。植物的含锌量变化很大，为 $1\sim10000mg/kg$，常因植物种类不同而有较大差异，但大多数植物正常含锌量一般为 $20\sim100mg/kg$。

植物缺锌的共同症状：节间缩短，植株矮小，叶小畸形，叶片脉间失绿或白化。水稻缺锌表现为：新叶基部失绿白化，叶细小，老叶出现失绿黄化或白化条纹，继而出现褐色锈状斑点，植株生长不齐，叶枕距缩短、平位，严重时新叶叶鞘短于老叶叶鞘，分叶少，把这种缺锌症状称为"倒缩苗"（浙江）、"矮缩病"（江苏）、"坐兜"（四川）、"僵苗"

"发红苗""自叶倒苗"（湖北）、"赤枯翻秋"（湖南）。玉米缺锌表现为：出苗期新芽发白，称为"自芽病"；苗期缺锌幼叶脉间呈淡黄色，严重时白化；生长中、后期老叶中脉两边或一边呈带状失绿，果穗缺粒秃尖。棉花缺锌叶片脉间失绿，边缘向上卷曲，老叶出现青铜色，节间缩短，植株小而呈丛生状，生育期推迟。果树缺锌顶枝或侧枝呈莲座状，叶丛生，节间缩短，称之为"小叶病"或"簇叶病"。

植物锌中毒症状：植物锌中毒症状主要表现为根的伸长受阻，叶片黄化，进而出现褐色斑点。大豆锌过量时叶片黄化，中肋基部变赤褐色，叶片上卷，严重时枯死。小麦叶尖出现褐色的斑条，生长延迟，产量降低。

4.2.6.4　锰肥：硫酸锰、碳酸锰、氯化锰、氧化锰、锰的螯合物（Mn-EDTA）和含锰的工业废弃物

锰在植物体内的作用：锰参与光合作用；锰是植物体内许多酶的组分或活化剂；锰能促进种子萌发和幼苗生长。植物的正常含锰量一般在 $20 \sim 100mg/kg$ 之间。

植物缺锰症状：叶片失绿并产生黄褐色或赤褐色斑点，但叶脉和叶脉附近保持绿色，脉纹较清晰。严重缺锰时，脉间失绿区变为灰绿色或灰白色，叶片薄，有些植物叶片可能皱折、卷曲或凋萎。不同植物症状各异，大麦、小麦新叶脉间退绿黄化，逐渐变褐坏死，形成与叶脉平行的长短不一的线状褐色斑点，叶片变薄、萎蔫，称为"褐线萎黄病"；棉花和油菜缺锰表现为幼叶失绿，脉间呈灰黄或灰红色，有明显网状脉纹，有时叶片还出现淡紫色或灰斑点；柑橘缺锰幼叶为浅绿色并呈现细小网纹，严重时脉间有许多不透明的白色斑点，继而斑点枯死；苹果缺锰脉间失绿呈浅绿色，有斑点，严重时脉间变褐并坏死，叶片变黄。

植物锰中毒症状：植物锰中毒的典型症状是在老叶片上有失绿区包围的棕色斑点（即 $MnO_2$ 沉淀），但更明显的症状大多是由于高锰诱发钙、铁、镁等其他元素的缺乏症。

4.2.6.5　铁肥：硫酸亚铁、硫酸亚铁铵、铁的螯合物（NaFeEDTA、NaFeEDDTA、NaFeDTPA）

铁在植物体内的作用：铁是叶绿素合成所必需的元素；铁参与植物体内氧化还原反应和电子传递；铁是许多酶的成分和活化剂；铁参与植物的呼吸作用。植物体内铁的含量一般在 $60 \sim 800mg/kg$ 之间，大多数植物在 $100 \sim 300mg/kg$ 之间。

植物缺铁症状：首先出现在生长迅速的幼叶上，以后逐步向中部、下部叶扩展，脉间黄化均匀，而叶脉仍保持绿色，黄绿相间的色界清晰，双子叶植物形成网纹花叶，单子叶植物形成黄绿相间的条纹花叶。缺铁导致的失绿与其他微量元素缺乏引起的失绿不同，缺铁失绿时只有叶脉本身保持绿色，其余部分全部失绿，使叶片成为细而密的绿色网纹状；而其他微量元素缺乏时，叶脉及其附近组织仍保持绿色，只有脉间的组织失绿。果树缺铁时新梢叶片脉间失绿黄化，呈清晰的黄绿相间的网状花叶，称为"黄叶病"，严重时，叶片边缘干枯、脱落，形成枯梢或秃枝。蔬菜缺铁时顶芽及新叶黄白化，叶脉绿色，叶片变薄。

植物铁中毒症状：植物铁中毒是 $Fe^{2+}$ 中毒，主要发生在通气不良的土壤。水稻铁中毒表现为下部老叶叶尖出现褐斑，叶色深暗，称为"青铜病"；亚麻表现为叶片呈暗绿色，地上部和根系生长受阻，根变粗；烤烟表现为叶片脆弱，呈暗褐至紫色，品质差。

4.2.6.6　铜肥：五水硫酸铜、无水硫酸铜、氧化铜、氧化亚铜、含铜矿渣、螯合铜（NaCuEDTA、NaCuHEDTA）

铜在植物体内的作用：铜是酶的组成成分；铜参与光合作用、参与碳水化合物和氮代谢；缺铜影响花器官的发育。植物对铜的需要量少，大多数植物含铜量在 2~20mg/kg 之间，即使施用充足的铜肥，一般也不超过 30mg/kg。

植物缺铜症状：植物缺铜症状表现为顶端枯萎，节间缩短，叶尖发白，叶片变窄、变薄并扭曲，繁殖器官发育受阻，结实率低。禾本科植物的缺铜症状主要表现为植株丛生，顶端叶尖发白，严重时不抽穗或穗萎缩变形，结实率低，籽粒不饱满，甚至不结实；果树缺铜时顶部枝条弯曲，顶梢枯死，枝条上形成斑块和瘤状物，树皮变粗出现裂纹，分泌出棕色胶液，称为"顶枯病"；豆科植物缺铜时新生叶失绿、卷曲，老叶枯萎，出现坏死斑点，但不失绿，蚕豆花由正常鲜艳的红褐色变为白色。

植物铜中毒症状：植物铜中毒症状表现为主根伸长受阻，侧根变短；新叶失绿，老叶坏死，叶柄和叶背面变紫。铜中毒症状与铁相似，可能是因为，一方面铜从植物生理代谢中心置换出铁，另一方面是过量铜使二价铁离子氧化呈难溶性的三价铁，从而导致铁失活。

# 4.3　土壤酸碱性改良

土壤的酸碱性是土壤的基本特性，也是影响土壤肥力和作物生长的重要因素之一。土壤酸碱性主要取决于土壤中酸碱物质的多少。酸性物质来源于二氧化碳溶于水形成的碳酸和有机质分解产生的有机酸，以及氧化作用产生的无机酸，还有施肥加入的酸性物质；碱性物质主要来源于土壤中的碳酸钠、碳酸氢钠、碳酸钙等盐类。由于我国南北方气候的差异，南方湿润多雨，土壤多呈酸性，北方干旱少雨，土壤多呈碱性。

土壤偏（过）酸性或偏（过）碱性，都会不同程度地降低土壤养分的有效性，难以形成良好的土壤结构，严重抑制土壤微生物的活动，影响各种作物生长发育。具体表现有以下 5 个方面：

（1）使土壤养分的有效性降低。土壤中磷的有效性明显受酸碱性的影响，在 pH 值超过 7.5 或低于 6 时，磷酸和钙或铁、铝形成迟效态，使有效性降低。钙、镁和钾在酸性土壤中易代换也易淋失。钙、镁在强碱性土壤中溶解度低，有效性降低。硼、锰、铜等微量元素在碱性土壤中有效性大大降低，而钼在强酸性土壤中与游离铁、铝生成的沉淀，可降低有效性。

（2）不利于土壤的良性发育，破坏土壤结构。强酸性土壤和强碱性土壤中 $H^+$ 和 $Na^+$ 较多，缺少 $Ca^{2+}$，难以形成良好的土壤结构，不利于作物生长。

（3）不利土壤微生物的活动。土壤微生物一般最适宜的 pH 值是 6.5~7.5 之间的中性范围。过酸或过碱都会严重抑制土壤微生物的活动，从而影响氮素及其他养分的转化和供应。

（4）不利于作物的生长发育。一般作物在中性或近中性土壤生长最适宜。如甜菜、紫苜蓿、红三叶不适宜酸性土。

（5）易产生各种有毒害物质。土壤过酸容易产生游离态的 $Al^{3+}$ 和有机酸，直接危害作物。碱性土壤中可溶盐分达一定数量后，会直接影响作物的发芽和正常生长。含碳酸钠较多的碱化土壤，对作物更有毒害作用。

适合不同农作物生长的高产土壤，一般要求呈中性、微酸性或微碱性，pH 值多在 6~8 之间。若土壤 pH 值偏离此范围，则需添加土壤酸碱性改良剂，用于改善土壤肥力和提高作物产量。

### 4.3.1 钢渣

钢渣中含有较高的 CaO 和 MgO，具有很好的改良酸性土壤和补充钙镁营养元素的作用。用钢渣改良沿海成酸田，具有很好的效果。钢渣对成酸田的改良效果主要表现在提高土壤的 pH 值和提高土壤有效硅两个方面。

研究表明，在酸性水稻田中施用钢渣肥可提高土壤的碱性，也可提高可溶性硅的含量，从而使土壤中易被水稻吸收的活性镉与硅酸根和碳酸氢根离子结合成较为牢固的结构，使土壤有效镉的含量明显下降，达到了抑制水稻对土壤镉的吸收作用。除水稻外，其他的农作物如麦类、大白菜、菠菜、豆类以及棉花和果树等，在酸性土壤上施用钢渣肥都有良好的增产效果，并可提高产品的质量。

### 4.3.2 磷石膏

磷石膏呈酸性，可以代替天然石膏改良盐碱地，磷石膏中 $Ca^{2+}$ 与土壤中的 $Na^+$ 交换生成 $CaCO_3$，$Na^+$ 变成 $Na_2SO_4$ 随着灌溉排出，从而降低土壤的碱性，减少碳酸钠对作物的危害，同时改善了土壤的透气性；另外土壤酸化后可释放存在于土壤中的微量元素，供作物吸收利用。因此，磷石膏能提高土壤理化性状和微生物活化条件，提高土壤的肥力。

印度直接将磷石膏作为盐碱地的土壤改良剂；美国应用磷石膏改良土壤，增强土壤的肥力；我国农科院与内蒙古自治区农科院协作对向日葵种植的轻、重盐碱地施用不同量的磷石膏后，增产幅度达 9%~50%。

但利用磷石膏作为硫肥和钙肥及土壤改良剂时应注意：磷石膏中放射性核素和沥液成分会对环境造成二次污染。此外，磷石膏的质量不稳定，对土壤及作物的影响也不稳定。

### 4.3.3 脱硫石膏

土壤中的一个最主要的特性是阳离子具有置换性能，在评定土壤的保水保肥能力时就是看阳离子的置换性能如何。脱硫石膏可以作为土壤改良剂，使土壤得到改善，比如对苏打盐碱地的改善。苏打盐碱地因为含有大量的 $Na^+$（置换性）从而导致土壤性质不断的恶化。向土壤中加入脱硫石膏时，石膏中的 $Ca^{2+}$ 和 $Mg^{2+}$ 可以将盐碱地中的 $Na^+$ 转换出来，从而使这些 $Na^+$ 的含量减少，土壤的盐碱性也就随之发生变化使得土壤得到改良，更利于作物的良好生长。

在这方面国内外已经进行了大量的研究，印度科学家通过试验研究得到：在碱性土壤中种植玉米时，玉米的生长状况很差，但当加入 0.5%~1% 的脱硫石膏之后，玉米的生长良好。我国科研人员将脱硫石膏作为土壤改良剂用来改良酸性土壤，并且分别在改良前后的土壤上种植花，结果证明经过改良之后的土壤上种植的花产量有所增加。

# 4.4 土壤结构改良

农作物的生长、发育、高产和稳产需要有一个良好的土壤结构状况，以便能保水保肥，及时通气排水，调节水气矛盾，协调肥水供应，并有利于根系在土体中穿插等。

## 4.4.1 粉煤灰

粉煤灰中的硅酸盐矿物和炭粒具有土壤本身所不具备的多孔性，粉煤灰施入土壤，除其粒子中、粒子间的空隙外，同土壤粒子还可以连成无数孔道，构成输送营养物质的交通网络，其粒子内部的空隙则可以作为气体、水分和营养物质的"储存库"。

粉煤灰能改善土壤的毛细血管作用和溶液在土壤内的扩散情况，从而调节土壤的湿度，有利于植物根部加速对营养物质的吸收和分泌物的排出，促进植物生长。

粉煤灰掺入黏质土壤，可使土壤疏松，黏粒减少，砂粒增加。掺入盐碱土，除使土壤变得疏松外，还可起抑碱作用。

粉煤灰可促进土壤中微生物活性，有利于微生物生长繁殖，加速有机物的分解，改善土壤的可耕性；增强作物的防病抗旱能力；使水、肥、气、热趋向协调，便于养分转化、种子萌芽、作物生长。

粉煤灰具有的灰黑色利于吸收热量，一般加入土壤可使土层温度提高 $1 \sim 2 \, ^\circ\text{C}$。土层温度的提高，有利于生物活动、养分转化和种子萌发。

合理施用符合农用标准的粉煤灰对不同土壤都有增产作用，但不同土质增产效果不同，黏土最为明显，砂质土壤增产则不显著。作物不同，增产效果也不同，蔬菜效果最好，粮食作物次之，其他作物效果不稳定。

## 4.4.2 磷石膏

磷石膏呈酸性，pH 值一般在 $1 \sim 4.5$，且含有作物生长所需的磷、硫、钙、硅、锌、镁、铁等养分，可代替石膏用作盐碱土壤的改良剂，消除土壤表层硬壳、减轻土壤黏性、增加土壤渗透性、改良土壤理化性状、提高土壤肥力。

南京土壤所研究得出，施入磷石膏后的土壤剖面孔隙度比对照高 $0.66 \sim 1.32$ 个百分点，土壤含水率比对照高 0.05 个百分点，提高了土壤的渗透性和保水性能。以典型苏打盐碱土为研究对象，分析磷石膏对盐碱土理化性状的影响，结果表明磷石膏能显著提高苏打碱土团聚体稳定性，苏打碱土的团聚体质量分数从对照的 0.03% 增加到 33.1%，饱和导水率从 0.13mm/d 提高到 3.14mm/d。

# 4.5 肥料用无机非金属资源

## 4.5.1 复合肥用无机非金属资源

### 4.5.1.1 烧结机头除尘灰

烧结机头除尘灰是钢铁企业主要污染的源头之一。烧结除尘灰大量堆积，不但浪费了土地、财力、人力，还形成了环境污染的隐患。利用烧结机头除尘灰制备复合肥的生产工艺如图 4-1 所示。

图 4-1　烧结机除尘灰生产复合肥工艺

（1）除尘灰与碳铵、磷铵、硫酸钾和黏结剂等辅料复混而成的适用于小麦、玉米等农作物的复合肥，总养分 20%。其具体配比为除尘灰 30%、碳酸钠 18%、尿素 21%、磷铵 13%、硫酸钾 16%。复合肥中养分的比例（质量比）为 $N : P_2O_5 : K_2O = 1 : 0.5 : 0.77$。

（2）除尘灰与碳铵、磷铵、硫酸钾和黏结剂等辅料复混而成的适用于马铃薯等蔬菜的复合肥，总养分 29%。其具体配比为：除尘灰 25%、碳酸钠 15%、尿素 16%、磷铵 16%、硫酸钾 21%。复合肥中养分的比例为 $N : P_2O_5 : K_2O = 1 : 0.8 : 1.2$。

### 4.5.1.2　粉煤灰

粉煤灰湿排渣经烘干后，按比例加入 MgO 含量大于 50% 的镁石灰、尿素、磷酸二胺、氯化钾和其他稀有元素，一起进入球磨机研磨成粉状，再经拌和、造粒、烘干、筛选，即成硅钙镁三元素复合肥。该三元素复合肥含有易被植物吸收的枸溶性多元素，具有无毒、无味、无腐蚀、不易潮解、不易流失、施用方便、肥效长、价格低、见效快等特点，能改良土壤，促使植物生长，增强抗干旱、病虫和倒伏能力，达到增产和提高产品质量的效果，并广泛适用于各种农作物、蔬菜和果木等。

### 4.5.1.3　磷石膏

用磷石膏可制硫酸铵、硫酸钾铵、氮磷钾复合肥。

首先将磷石膏进行漂洗除去漂浮物和可溶性杂质，做初步净化，然后将其制成悬浮液并于其中通入 $NH_3 \cdot H_2O$ 和 $CO_2$，或者直接加入 $NH_4HCO_3$ 或（$NH_4$）$_2CO_3$。当磷石膏转化成（$NH_4$）$_2SO_4$ 后，过滤除去 $CaCO_3$，浓缩滤液得到产品（$NH_4$）$_2SO_4$。由于母液中仍然含有大量（$NH_4$）$_2SO_4$，加入 KCl 可生成 $NH_4KSO_4$ 和 $NH_4KCl_2$，$NH_4KSO_4$ 的溶解度小于 $NH_4KCl_2$，过滤可制得 $NH_4KSO_4$，然后在滤液中加入（$NH_4$）$_3PO_4$ 料浆经喷雾干燥可制得产品氮磷钾复合肥。工业试验中，表明该技术成熟，流程通畅，操作灵活设备运行正常，磷石膏中硫的利用率达到了 95%。

### 4.5.1.4　钢铁渣

随着化肥施用技术的发展，人们意识到目前制约农作物的生长的因素已经不仅仅是氮、磷、钾，而是锌、锰、铁、硼、钼等微量元素。钢铁渣中含有较多的铁、锰等对作物有益的微量元素，同时可以在钢厂出渣过程中，在高温熔融态的炉渣中添加锌、硼等的矿物微粉，使其形成具有缓释性的复合微量元素肥料。复合肥料作为农业基肥施用到所耕种的土壤里，可以解决长期耕作土壤的综合缺素问题，并增加作物内的微量元素含量水平，提高其品质。采用出渣过程中在线添加的生产工艺可以充分利用高温炉渣中蕴含的热能，避免再次加热熔化的能量消耗，起到节能和环保的效果。

### 4.5.2　硅肥用无机非金属资源

硅肥是被国际土壤学界确认为继氮、磷、钾肥之后的第四类元素肥料，它是一种以含氧化硅和氧化钙为主的矿物质肥料。硅是水稻等作物生长不可缺少的营养元素之一，水稻生长过程中要吸收大量的硅，其中 20% ~ 25% 的硅由灌溉水提供，75% ~ 80% 的硅来自土壤。以亩产稻谷 500kg 计算，其茎秆和稻谷吸收硅（$SiO_2$）量多达 75kg/亩，比吸收的 N、$P_2O_5$、$K_2O$ 三者总和高出 1.5 倍。

随着有机肥施用量的不断减少和农作物产量的持续提高，土壤中能被农作物吸收的有效硅元素含量已远远不能满足农作物持续增产的需要，因此，根据作物的特性，适量施硅肥料补充土壤硅元素是促进农作物增产的一种有效途径。此外，硅肥还含有多种植物所必需的微量元素，对作物的生长是有利的。

#### 4.5.2.1　高炉渣

高炉渣和钢渣中含有大量的氧化硅和氧化钙，是生产肥料的主要原料。将水淬渣磨细到 0.1mm，再加入适量硅元素活化剂，搅拌混合后装袋或搅拌混合造粒后装袋即可得到硅肥产品。硅肥一般适宜作基肥使用，水稻每亩用量 50 ~ 60kg 左右。

#### 4.5.2.2　钢渣

钢渣中含有较多的可被植物吸收的活性硅，作为硅肥施用具有极好的效果。通常，含硅超过 15% 的钢渣，磨细至 0.25mm（60 目）以下，即可作为硅肥施用于水稻田。研究表明，在水稻田中施用钢渣肥对水稻的生长有极好的影响，特别是在水稻拔节孕穗期效果更加显著。

#### 4.5.2.3　赤泥

烧结法赤泥中含有多种农作物需要的常量元素（硅、钙、镁、钾、硫、磷）和微量元素（铁、钼、锌、钒、硼、铜），且具有较好的微弱酸溶性，可配制硅钙肥和微量元素复合肥料，使植物形成硅化细胞，增强作物生理效能和抗逆性能，有效提高作物产量，改善粮食品质，同时降低土壤酸性和重金属生物有效性含量，作为基肥改良土壤。

利用赤泥生产硅钙复合肥的生产线已经投产，在我国有六省市进行了大面积施肥实验，取得了较好效果。河南省批准成立了省级硅肥工程中心，以郑州铝厂的赤泥为主要原料，添加一定成分的添加剂，经混合、干燥、球磨后制成硅肥，用作黄淮海平原花生种植的肥料，花生产量获得较大的提高，大大节约了生产成本。

### 4.5.3　磷肥用无机非金属资源

有些钢渣中含有较高含量的有效态磷，可以将这类钢渣作为磷肥施用。钢渣磷肥的肥效由 $P_2O_5$ 含量和枸溶率两方面所确定，一般要求钢渣中 $P_2O_5$ 含量大于 4%，细磨后作为低磷肥使用。在酸性土壤上施用，其效果比等量的过磷酸钙更好。对水稻的肥效显著优于过磷酸钙，施用钢渣可增产 40% 以上，而施用等磷量的过磷酸钙仅增产约 14%。除水稻外，在酸性土壤上施用钢渣肥的其他农作物都可以收到良好的增产效果。钢渣磷肥的优点是在土壤中释放缓慢，不易被土壤迅速固定，因此有着很好的后效作用。

磷铁合金生产中产生的磷泥渣，含 P 5% ~ 50%，可用做回收工业磷酸和制造磷肥。其原理是将磷泥渣中的 P 氧化成 $P_2O_5$ 等磷氧化物，通过吸收塔被水吸收生成磷酸，余下的残渣中含有 $0.5\%\sim1\%$ 的磷和 $1\%\sim2\%$ 左右的磷酸，再加入石灰在加热条件下充分搅拌，生成重过磷酸钙，即为磷肥。

利用黄磷工业副产品水淬炉渣和泥磷制酸后的残渣生产双渣磷肥。黄磷水淬炉渣的主要组成是硅酸钙，并且硅和钙的比一般为 0.8，属碱性物质，碱性的炉渣能迅速中和残渣中的游离酸，并且可以氧化其中的元素磷。其反应如下：

$$CaO + 2H_3PO_4 \rule[0.5ex]{1.5em}{0.4pt} Ca(H_2PO_4)_2 + H_2O \tag{4-1}$$

$$CaO + H_4P_2O_7 \rule[0.5ex]{1.5em}{0.4pt} CaH_2P_2O_7 + H_2O \tag{4-2}$$

$$3CaO + 2P_4 + 9H_2O \rule[0.5ex]{1.5em}{0.4pt} 3Ca(H_2PO_2)_2 + 2H_3P \uparrow \tag{4-3}$$

该方法具有操作简便、成本低和产品物理性能好等优点，但是在操作过程中有气体污染物排出，要注意抽风，防止对操作人员的危害。

### 4.5.4　钾肥用无机非金属资源

利用钢渣生产缓释性钾肥，是近年来资源化利用钢渣的一种新兴技术。其生产工艺为在炼钢铁水进行脱硅处理时，将碳酸钾（$K_2CO_3$）连续加入到铁水包内，在向包内吹入氮气的搅动下熔入炉渣中，铁水脱硅处理后的炉渣经冷却后磨成粉状肥料。

所合成的无机钾肥中 $K_2O$ 质量分数可达到 20% 以上，肥料由玻璃态和结晶态的物质组成，其中结晶态物质主要为 $K_2Ca_2Si_2O_7$。这种肥料难溶于水，而可以溶于如柠檬酸等弱酸中，是一种具有缓慢释放特性的肥料。日本肥料与种子研究协会对这种肥料与其他的商业硅钾肥进行了施用效果的调查研究，对比的农作物有稻米和甘蓝、菠菜等蔬菜，结果表明施用此种肥料的作物产量要好于其他种类的肥料。

### 4.5.5　氮肥用无机非金属资源

农业上经常用到氮肥，其中硫铵是最传统的氮肥，而传统的硫铵是直接用硫酸与氨反应得到的。硫铵中含有的氮元素和硫元素分别为 21% 和 24%，所以这种氮肥对于氮和硫都缺少的土壤和作物都是适用的。

脱硫石膏中含有大量的硫酸钙，所以可以利用脱硫石膏与土壤中的碳酸铵反应生成碳酸钙与硫酸铵，这样可以将脱硫石膏利用起来，同时也把碳酸铵转化成具有更高价值和更多营养成分的氮肥。另外，脱硫石膏中的钙元素也能增加作物抵抗病虫害的能力，使作物颗粒饱满以及茎叶更粗壮。

## 4.6　土壤修复

修复污染土壤的根本目标是采取各类方法将污染物从土壤中分离、去除或将污染物稳定在土壤中牢固吸附，将其转化为无害形态，使土壤环境得以复原。当代土壤修复技术按原理大概可以分为物理修复技术、化学修复技术、生物修复技术和其他修复技术。其中经常使用的包含热处理、电化学修复、植物修复、基因工程、固定/稳定化和纳米修复等技术。

### 4.6.1 物理修复技术

物理修复技术主要包含了客土法、换土法、玻璃化修复法等。

客土法、换土法：将原有的污染土壤替换或部分替换为新鲜的未受污染的土壤，通过引入未受污染的土壤稀释原有污染物，将污染物浓度降到临界危害浓度以下，以减少污染土壤对土壤周围生态环境的影响。换土法原理简单、易操作，并且可以快速有效降低土壤中重金属的浓度，但并没有从根本上治理污染，重金属仍会在土壤中转化迁移造成水体和大气的污染。除此之外，加入新土壤难免会改变部分原土壤的环境，这种方式可能会破坏到原土壤的生态平衡，从而导致原土壤中各种物理化学性质发生变化，如各元素降低或升高，另外修复之后取出的原有污染土壤成为一个急需解决的问题，若处置不当，便很容易诱发二次污染，对周围环境造成影响。

玻璃化修复法：指利用热能或高温条件（1400~2000℃），使污染的介质成为玻璃产品或玻璃状的物质，从而使其中的污染物质得以固定而不释放的过程。热解产生的水分和热解产物由气体收集系统收集进行进一步的处理，熔化后的污染土壤或废弃物冷却后形成化学惰性的、非扩散的整块坚硬玻璃体，有害无机离子得到固化。此类方法最先运用于核废料和其他放射性废物的处理，优势在于所构成的玻璃质强度高、耐久性好、抗沥出等，可以较好处理金属污染物和有机污染物混合的污染土壤，但该方法相比于其他方法过于复杂，修复时需要很高的温度，大大提高了成本，并且在实际修复过程中会出现未完全熔化和地下水渗透等问题。

### 4.6.2 化学修复技术

化学修复技术是指利用一些化学试剂，与土壤中的重金属发生化学反应，去除或钝化土壤中的重金属，降低土壤中重金属的活性，达到污染治理和修复的目的。按照修复场所的不同有原位修复和异位修复。化学修复技术周期短、见效快、成本低，但其专一性成为此法的缺点，且容易受其他因素影响。化学修复技术主要包含了化学淋洗法、电动修复法、固化/稳定化法等。

化学淋洗法：利用可以使土壤环境中污染物溶解或迁移的淋洗剂和土壤中重金属进行反应，回收转移淋洗液中的重金属，从而实现重金属污染土壤的修复。此法有可能对土壤理化性质和微生物群落结构造成一定的破坏，但可以永久性的使重金属去除且修复时间较短，修复后的土壤能够被循环使用。

电动修复法：将电极埋入受污染土壤中，通入低压直流电，使污染物在电流的作用下向电极室运输，再经由工程化的收集系统对重金属进行收集处理。

固化技术：是指将污染的土壤与固化剂按照一定比例混合，熟化形成渗透性很差的固体混合物，使污染物被包裹起来，处于相对稳定状态。重金属和放射性物质污染土壤的无害化处理常用该方法。所采用的固化剂有水泥、石灰、硅酸盐、高炉渣、窑灰、热塑性物质（如沥青）等。该过程操作简单、试剂来源广泛、修复费用低，缺点是原污染土壤不可以再恢复原土壤的功能。

化学稳定化技术：是一类修复重金属污染土壤的新兴技术，是指向受污染土壤中加入稳定化试剂通过吸附、反应等过程将重金属转化为低溶解性、低迁移性、低生物利用性的形态，且不改变土壤功能。

在修复各种重金属污染的场地，常常会涉及面积较大使修复成本过高，因此发展稳定化技术降低重金属在土壤中的环境危害是目前土壤修复方法中使用最广泛的方法，符合我国可持续发展的原则，也受到环境界越来越多的关注。

目前可将重金属转化为稳定形态存在于土壤中的稳定剂可大致分为以下几类：

（1）碱性物质。当前，在重金属污染土壤稳定化实验中利用较多碱性物质，包括碳酸钙、氧化钙等。这些材料不仅便宜、来源广泛、环境友好，而且可以有效地改良土壤环境，可以直接或间接用作稳定化试剂使用。

（2）无机试剂。无机稳定化试剂在修复土壤重金属研究中应用最为广泛，不同的无机试剂可以处理不同的土壤污染物，主要类别有：磷酸盐类、黏土矿物类、无机工业产品类等。这些试剂主要是靠通过改变土壤 pH 环境和化学反应等来降低土壤中汞的生物有效性。

（3）有机试剂。有机稳定化试剂可以通过与重金属反应形成不溶性金属-有机复合物、增加土壤阳离子交换量来降低土壤中重金属的生物有效性。目前常用的有机稳定化试剂主要有：有机堆肥、畜禽粪便、城市污泥等。

（4）微生物稳定化。一些微生物在长期受汞污染的环境条件下会进化出一套耐汞的基因系统，其机理为：微生物通过酶促反应，使汞离子的形态发生变化，降低了汞在土壤中的生物毒性，此类方法经济效益高、无二次污染。

（5）改性试剂和自制稳定化试剂。目前，国内外有许多学者在探究重金属污染土壤及其修复时常常会用到自制的一些稳定化试剂。有研究用自制稳定化试剂 CTS-AC01 试剂处理重金属污染土壤，稳定化效率能够达到 87%以上。自制稳定化试剂修复重金属污染土壤具有专一性、高效性、可控性。还有一些学者将碱性药剂、黏土矿物、有机药剂等试剂进行改性处理，得到高效的新型稳定化试剂，其处理效果高且价格低廉，例如将黏土矿物进行了巯基改性，对含汞污染土壤进行稳定化修复，处理效果达到 65%以上。

不同的稳定化过程和修复机理会直接影响稳定化效果，仅仅通过改变土壤 pH 值来降低重金属的生物有效性是不确定的。类似加大稳定化试剂的吸附量来提高稳定化效果，使稳定化效果能够长久稳定，可以依赖于重金属污染物的固液平衡动力学特征及其溶度积，通过改性稳定化材料增加稳定化试剂的层间吸附来实现。

### 4.6.3　生物修复技术

生物修复技术主要包含了植物修复法、动物修复法和微生物修复法。

植物修复法：筛选出具备超强耐受性和超累积性的植物对受污染土壤进行修复。此法主要是利用植物来吸收土壤中的重金属，并降低重金属的生物毒性。

动物修复法：利用一些能够吸收和降解土壤中重金属的低等动物，如蚯蚓，去除受污染土壤中重金属产生的环境危害，但此法所需求的动物对周围环境有一定的要求，依赖性过高。

微生物修复法：某些微生物具有改变重金属离子价态的特性，能够通过自身的酶促反应降低重金属的毒性，经济效益高且不会产生二次污染。国内有研究者在受汞污染的土壤中发现了汞抗性菌株，对其进行培养后对汞的去除率能够达到 85%以上，且能够在高浓度的汞污染土壤中生存；另外有研究者通过分离筛选出一株耐汞 120mg/L 的高耐性菌株，对汞的去除率能达到70%以上。

### 4.6.4　其他修复技术

基因工程技术：将基因工程和生物技术结合在一起，培育和筛选出具有重金属耐受性的植物，此技术的关键在于耐性基因在植物中的高效表达。该技术大大提高了植物修复重金属的效率，但由于转基因技术缺陷的存在，需要进一步对其深入研究。

纳米修复技术：将粒径$1 \sim 100nm$的颗粒加入受污染的土壤中，进行重金属吸附修复。有研究者利用FeS纳米粒子修复污染物中的汞，此法修复效率能达到96%以上。纳米修复技术的优点在于耗能少，能够原位修复土壤，其缺点在于纳米粒子有可能经过呼吸途径或者生物链的形式被人体吸入，导致人体危害。

### 4.6.5　钢渣和粉煤灰作稳定剂用于汞污染土壤修复

钢渣和粉煤灰物理化学性质较稳定，适合用于汞污染土壤的修复使用。

将钢渣和粉煤灰分别进行酸改性和纳米改性，改性的钢渣和粉煤灰作为稳定化试剂对土壤修复的效果优良。钢渣和粉煤灰经过改性后晶体结构发生变化，外形呈多孔型蜂窝状，表面颗粒的粒径为$1 \sim 100nm$，内部孔道增多且孔隙变大，比表面积和活性指数都显著增大，矿物表面有较多活性吸附位点，能够高效率吸附土壤中的重金属汞。

钢渣和粉煤灰稳定化修复汞污染土壤是通过化学反应、物理吸附、化学吸附、离子交换吸附等作用实现的，修复后的土壤中有$HgS$、$Hg(OH)_2$、$Hg_2(OH)_2$等物质生成。

汞污染土壤修复后，土壤中可交换态汞和可还原态汞含量显著降低，可氧化态汞含量变化不大，残渣态汞含量显著升高，修复后的土壤中汞的生物迁移性显著降低，对环境的潜在危害大大减小。

────────── **本 章 小 结** ──────────

本章介绍了土壤的基本概念、功能、基本物质组成及详细分类、特点，详细介绍了肥料种类及作用，论述了土壤酸碱性改良、结构改良及土壤修复的措施，给出了无机非金属资源在土壤改良、肥料制备及农业方面的应用示例。

**习　题**

4-1　土壤的分类有哪些，特点如何？

4-2　土壤里有哪些营养元素，能够施用在土壤中的肥料有哪些？

4-3　土壤酸碱性改良及结构改良的措施有哪些？

4-4　谈谈对土壤修复的理解。

4-5　无机非金属资源在农业方面的应用有哪些？并举例详细介绍。

# **5** 无机非金属资源在环保领域应用

---

**本章提要：**

（1）了解环境材料的概念及分类。

（2）掌握无机非金属资源在水处理用环境材料、大气污染防治用环境材料及辐射防护用环境材料方面的应用。

---

## 5.1　环境材料概述

### 5.1.1　环境材料概念

环境材料是环境科学与材料科学相结合形成的一门新的交叉学科。环境材料的倡导者日本东京大学以山本良一为首的研究小组在研究了使用的材料与环境之间的关系后，最先提出环境材料的概念，认为环境材料是对环境友好的材料，它不会给环境带来太多的负面作用，自此引起许多人的关注。

山本良一最早认为，环境材料的概念应该这样理解，它是指那些使环境负荷减至最低、再生率增至最大的材料。并进一步指出环境材料与传统材料明显不同，它是赋予传统结构材料、功能材料以特别优异的环境协调性的材料，或者说是那些直接具有净化环境、修复环境等功能的材料。所谓环境负荷，主要包括资源摄取量、能源消耗量、污染物排放量及其危害、废弃物排放量及其回收和处置的难易程度等因素。他也承认环境材料本身是一个不确定的概念，是一个动态和发展的概念。国内也有不少学者从不同角度讨论了环境材料的概念、特征，也有对此提出异议的。由此看来，目前对环境材料还没有一个确切的定义。但可以说随环境材料学科发展必定会给予环境材料新的定义。

作者认为环境材料除了包含目前大部分人认可的含义（环境材料是指在加工、制造、使用和再生过程中具有最低环境负荷、最大使用功能的人类所需材料）外，还应是具有明显环境效益或效果的材料，特别是使用大量废弃物生产的有用材料和用于环境保护和环境治理的各类材料。

目前关于环境材料的概念也有不同的表达方式，如生态材料、绿色材料、生态环境材料、环境友好材料、环境协调性材料、环境兼容性材料和环境相容性材料等。

### 5.1.2　环境材料特征

从循环的角度来理解环境材料的特征，它是从原料开采、制造、使用至废弃的整个寿命周期中，对资源和能源消耗最少、生态环境影响最小、再生循环利用率最高，或可分解使用的具有优异使用性能的新型材料。

在环境材料这一总的概念指导下，不同的研究者有不同的理解，如有些人认为，环境材料具备以下三大特征：

（1）先进性。环境材料可以拓展人类的生活领域，也能为人类开拓更广阔的活动范围。

（2）环境协调性。环境材料能减少对环境的污染危害，从社会持久发展及环境协调性进步的观点出发，使人类的活动范畴和外部环境尽可能协调，在制造过程中，材料与能源的消耗、废弃物的产生和回收处理应降低到最小，产生的废弃物也能被处理、回收、再生利用，且这一过程也无污染的产生。

（3）舒适性。环境材料能创造一个与大自然和谐的健康生活环境，使人类生活环境更加美好、舒适。

也有些人认为，材料的先进性、舒适性，不同人有不同理解，在实践中难以判断与把握，它只是一个定性的标准。因此认为环境材料的特征可以具体改为功能性、经济性和环境协调性等。这有利于对环境材料的评判，也符合现实情况。

### 5.1.3　环境材料分类

环境材料是一门刚兴起的学科和新概念的材料，故目前还没有一个统一的分类法。

根据四大材料的分类法可分为金属环境材料、无机非金属环境材料、高分子环境材料、复合环境材料；根据环境材料的功能可分为低资源、能源消耗材料、环境净化材料、环境修复材料、环境替代材料、吸波材料、（光、生物）可降解材料、生物及医疗功能材料、传感材料、抗辐射材料、相容性材料、吸附催化材料等；根据材料的用途可分为工业生态材料、农业生态材料、林业生态材料、渔业生态材料、能源生态材料、抗辐射材料、相容性材料、生物材料及医用材料等。

# 5.2　水处理用环境材料

### 5.2.1　用作海洋覆盖材料

日本钢管公司首次将细粒化的高炉渣覆盖在海边海床上以隔绝海边富集的胶质泥砂，该公司将54000t高炉渣运往海边，覆盖在日本沿海的海床上，目前已有4万平方米的海床被填充，厚度达15mm以上。细粒化的高炉渣覆盖在海床上，可以覆盖胶质泥沙或淤泥，使海床保持弱碱性（pH=8.15），防止硫化氢的产生，减少近海中正磷酸盐和氮氧化合物的生成，保护海岸附近的居住环境，更加重要的是由于高炉渣含有硅酸盐，是水生植物必不可少的养分，可以促进海水中硅藻的繁殖，防止赤潮的发生。

另外，研究人员还发现高炉渣可用作覆砂材料。将高炉渣覆盖在海底污泥上，对于促进底泥污染物的分解和海水水质的净化起到积极作用：一是抑制硫化氢产生，防止青潮爆发；二是向海水供给硅酸盐，预防赤潮爆发；三是提高底栖生物多样性，与未覆盖高炉渣的海底泥以及海砂相比，高炉渣上出现的生物种类数、个数和湿重远远高于海底泥，略高于海砂；四是吸收海水中的磷酸盐，治理海水富营养化。

### 5.2.2　用作污水处理剂

#### 5.2.2.1　钢渣

钢渣本身有一定的孔隙结构，具有良好的吸附性能，而且耐酸、耐碱及热稳定等性能都比较优良。钢渣作为水处理剂处理废水，其作用机理是一个十分复杂的物理化学过程。首先钢渣经粉碎后有着较大的比表面积，加上多孔的结构使其在水中具有良好的物理吸附性。另外钢渣溶液呈强碱性，可与金属离子形成氢氧化物沉淀，而且钢渣中含有的活性基团，也对金属离子有较强的吸附作用。因此，钢渣在环境治理中主要应用于处理废水，包括有机染料废水、无机非金属废水和重金属废水等，主要的利用方式是作为吸附剂、滤料和絮凝剂等。

（1）钢渣作吸附剂。钢渣作为吸附剂时，钢渣中的金属离子，如钙离子溶解在水中与磷形成沉淀，从而达到除磷的效果，去除率最高可达99%。用钢渣处理含砷废水，钢渣中含有的钙和铁离子可与砷酸盐形成沉淀，并且沉降分离出的钢渣还可作为生产水泥的原料。钢渣对含氟废水进行处理，氟的去除率可达77.77%，除氟的废水可达到国家工业含氟废水的一级排放标准。

（2）钢渣作滤料。钢渣可作为很好的滤料。钢渣的多孔、比表面积大的特性，对色度和SS（悬浮物）具有较好的去除效果。将钢渣与活性炭等其他滤料进行了吸附效果比较，发现钢渣对分散染料的吸附效果优于活性炭等滤料。以钢渣为滤料处理活性翠蓝染料废水、结晶紫、孔雀石绿染料废水、亚甲基蓝染料废水、碱性品红染料废水，脱色率均可达到90%以上。以钢渣为滤料对废水进行过滤处理，发现钢渣对废水中重金属和$COD_{Cr}$有很好的去除效果，去除率高于90%，对三氯甲烷的去除率也在69%左右。

（3）钢渣作絮凝剂。钢渣还可与其他材料混合制成絮凝剂来处理各种废水。将钢渣和铁屑以一定的质量比混合后，用混酸溶解制成絮凝剂处理印染废水，取得了较好的处理效果。用钢渣和水渣制备了聚硅硫酸铁，对比进行多种废水处理试验，效果优于聚硅酸和聚合硫酸铁。以钢渣和硫铁矿渣为原料制备无机高分子絮凝剂，通过铁的形态分布、热失重曲线、红外谱图分析絮凝剂的性能，发现该高分子无机絮凝剂为聚硅铝铁类无机高分子絮凝剂，且铁的存在形式多为低聚合度铁的无机高分子或多核羟基配合物，对$COD_{Cr}$去除效果较好。

（4）钢渣制备多孔陶瓷滤球。通过改善钢渣的成型性能和烧结性能，并添加少量天然矿物原料及成孔剂，可以制备吸水率达27.21%、气孔率达58.21%、体积密度为2.14g/$cm^3$、压碎强度为18.94MPa的多孔陶瓷滤球。这种陶瓷滤球的孔隙结构为三维网状，相互连通，比表面积大，具有良好的抗热冲击性和过滤吸附性能，可以用于污水处理。

钢渣作水处理剂的优势主要表现在：

（1）吸附性能优异，钢渣对金属离子的吸附不仅速度快，吸附过程彻底，而且钢渣对重金属离子吸附的pH值范围广，能够适应pH值波动大的废水。

（2）易于固液分离，钢渣比重大、粒度粗，因此利用物理沉淀就可以很容易从废水中分离，应用于废水处理可大大简化废水处理的操作环节，降低成本。

（3）钢渣性能稳定，无毒害作用。

（4）变废为宝、以废治废，社会效益、经济效益和环保效益显著。

（5）钢渣来源广泛，价格低廉，有利于降低废水处理成本。

### 5.2.2.2　粉煤灰

粉煤灰含多孔玻璃体、多孔碳粒，因而它的表面积较大。同时，它还具有一定的活性基团，这就使其具有较强的吸附能力，成为污水处理的天然吸附材料。粉煤灰在污水处理中的应用主要表现在两个方面：一方面是利用粉煤灰自身的物理化学吸附作用，直接用于污水的处理；另一方面是粉煤灰经过改性或制取出各种絮凝剂再用于污水处理。

（1）利用粉煤灰与吸附质（污染物分子）间产生的分子间引力吸附作用，直接对生活污水、印染废水、造纸废水、电镀废水、含酚、含铬、含氟等废水进行处理。

大量研究表明，粉煤灰对 $Hg^{2+}$、$Pb^{2+}$、$Ni^{2+}$、$Cr^{3+}$、$Cd^{2+}$ 等均有较好的处理效果。通过对生活污水上清液进行吸附处理研究，结果表明：粉煤灰对生活污水中的 COD 有较强的吸附作用，当灰水比为 1∶10 时，粉煤灰对该污水 COD 的平均去除率达 86.0%。

（2）粉煤灰制备无机高分子复合絮凝剂——聚硅酸铝铁。聚硅酸铝铁无机高分子絮凝剂是在铝盐和铁盐絮凝剂的基础上研制出的一种新型高效无机复合水处理剂，是目前国内外水处理剂领域研究开发的热点。如前所述，它具有铝、铁盐的电中和能力，又具有聚硅酸的吸附架桥能力，在除浊、脱色、去除有机物等方面较同类其他品种有更好的效果。

在粉煤灰活化的基础上，以粉煤灰、硫铁矿烧渣为主要原料通过一系列的碱浸和酸浸制备无机高分子絮凝剂聚硅酸铝铁。制备的絮凝剂与市售聚合氯化铝和聚合硫酸铁进行絮凝效果对比实验，结果表明，在模拟水样絮凝实验中，聚硅酸铝铁具有很强的除浊能力，在处理造纸废水时，聚硅酸铝铁的色度、浊度、COD 去除率分别达到 99.1%，98.5% 和 65.6%。

### 5.2.2.3　赤泥

赤泥富含金属矿物，颗粒分散性较好，比表面积和孔隙大，有利于其在水中发生吸附作用，达到净化废水的目的。

（1）赤泥用作水处理剂。处理含重金属离子废水：经 100℃ 充分干燥至恒重的赤泥对水中重金属离子 $Pb^{2+}$、$Cd^{2+}$、$Zn^{2+}$、$Cr^{3+}$ 的去除效果优异。研究表明，当赤泥投加量为 2g/L 时，$Pb^{2+}$ 的吸附率达到 90%，$Cr^{3+}$ 的吸附率达到 94% 以上，$Cd^{2+}$ 和 $Zn^{2+}$ 的吸附率也达到 85% 以上。

处理含磷废水：赤泥中含有的 $Fe^{3+}$、$Al^{3+}$、$Ca^{2+}$ 等金属元素，溶于水时可以与磷酸根结合生产磷酸盐沉淀，从而达到除磷的效果。酸活化赤泥和焙烧赤泥对磷的饱和吸附率分别达 155.2mg/g 和 144.2mg/g，热酸活化赤泥除磷能力更强，其对磷的饱和吸附量可达 202.9mg/g，经过热酸活化后的赤泥即使在 pH 值波动较大时也能很好地处理高浓度含磷废水。

（2）赤泥制备复合混凝剂。赤泥中含有丰富的钙、铁和铝，用酸将其加以提炼，适当调节酸浸滤液中铁、铝的比例，可制备出无机复合型混凝剂。

在常压通氧的条件下，用稀硫酸浸出赤泥可制备无机高分子混凝剂聚硅酸铁。用该混凝剂处理工业废水，并与聚合硫酸铁的处理效果比较，$COD_{Cr}$ 和色度去除率提高约 20% 和 25%，固体悬浮物去除率提高约 10%。

# 5.3　大气污染防治用环境材料

## 5.3.1　湿法脱硫

湿法脱硫是目前应用最广的烟气治理技术，约占已建成烟气脱硫装置的85%，其中使用最多的吸收剂是石灰石、石灰。钢渣碱性物含量高，对环境造成污染，通过对钢渣的详细研究发现可将其用在燃烧后的烟气中进行湿法脱硫，不仅可降低燃煤烟气中二氧化硫对环境的污染，节约脱硫成本，降低脱硫过程的运转费用，而且使工业废物得到了综合利用。利用钢渣进行湿法脱硫的示意图如图5-1所示。

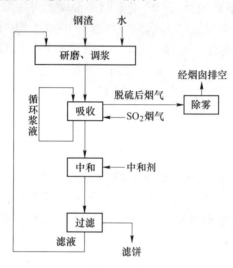

图 5-1　钢渣法烧结烟气脱硫流程图

钢渣脱硫剂脱硫机理：钢渣粉的主要活性组分为 $CaO$、$MgO$、$Al_2O_3$、$FeO$、$SiO_2$ 等，在湿法烟气脱硫过程中化学反应机理类似于 $CaO$、$Ca(OH)_2$，在吸收塔内发生如下反应：

$$CaO + SO_2 =\!=\!= CaSO_3 \tag{5-1}$$

$$Ca(OH)_2 + SO_2 =\!=\!= CaSO_3 + H_2O \tag{5-2}$$

$$CaSO_3 + SO_2 + H_2O =\!=\!= Ca(HSO_3)_2 \tag{5-3}$$

由于钢渣中某些成分起着触媒作用，也进行催化氧化反应：

$$2CaSO_3 + O_2 =\!=\!= 2CaSO_4 \tag{5-4}$$

$$2Ca(HSO_3)_2 + O_2 =\!=\!= 2CaSO_4 + 2SO_2 + 2H_2O \tag{5-5}$$

$$2SO_2 + O_2 + 2H_2O =\!=\!= 2H_2SO_4 \tag{5-6}$$

$$H_2SO_4 + CaO =\!=\!= CaSO_4 + H_2O \tag{5-7}$$

在钢渣中还有极少量的碱土金属氧化物，也可参与脱硫反应，有利于脱硫过程。

赤泥颗粒微细、比表面积大、有效固硫成分（$Fe_2O_3$、$Al_2O_3$、$CaO$、$MgO$、$Na_2O$ 等）含量高，对 $H_2S$、$SO_2$、$NO_x$ 等污染气体具有较强的吸附能力和反应活性，因此，可替代石灰及石灰乳对废气进行处理。

赤泥处理废气的方法分为干法、湿法两种。干法是利用赤泥表面矿物的活性，直接吸附废气；湿法则是利用赤泥中的碱成分与酸性气体反应而处理废气。

粉煤灰本身含有氧化钙成分和一些未燃尽的炭，所以对 $SO_2$ 有一定的吸附能力；其次，粉煤灰是一种多孔物质且比表面积较大，具有一定的活性基团。其溶出液呈碱性，能吸收溶于水中的 $SO_2$。

### 5.3.2 燃煤固硫

电石渣是碱性固体，能有效地吸收工业生产过程中产生的酸性气体，也可吸收煤矸石自燃放出的 $CO_2$、$SO_2$ 和 $SO_3$ 气体，降低污染。

电石渣用于煤炭燃烧中烟气脱硫：向燃煤中掺入一定比例电石渣，电石渣中的 $Ca(OH)_2$ 与煤燃烧时放出 $SO_2$、$SO_3$ 等有害气体反应生成 $CaSO_4$ 沉积在煤灰渣中，从而达到烟气脱硫的目的，$SO_2$、$SO_3$ 等有害气体的排放量可减少 $40\% \sim 75\%$。

### 5.3.3 处理硫化氢

赤泥处理硫化氢，当硫化氢气体通过拜耳法赤泥吸附剂时，硫化氢与活性氧化铁接触，在氧化铁颗粒上生成元素硫，氧化铁颗粒从中心向表面迁移，从而暴露出新鲜氧化铁供进一步与硫化氢和氧反应。

脱硫主要反应式为：

$$Fe_2O_3 \cdot H_2O + H_2S \longrightarrow 2FeO \cdot H_2O + S + Q_1 \tag{5-8}$$

再生主要反应式为：

$$2FeO \cdot H_2O + 1/2O_2 \longrightarrow Fe_2O_3 \cdot H_2O + Q_2 \tag{5-9}$$

利用赤泥脱除 $537.8 \sim 815.6℃$ 废气中 $H_2S$ 的实验结果表明，在 $537.8℃$、$676.7℃$、$815.6℃$ 对 $H_2S$ 的净化效率分别为 $16.0\%$、$24.0\%$、$45.1\%$，且使用过的赤泥可用空气完全再生。

# 5.4 辐射防护用环境材料

### 5.4.1 射线的种类

与人类生活息息相关的射线包括 $\alpha$ 射线、$\beta$ 射线、$\gamma$ 射线、X 射线以及中子，应用领域涉及到我们生活中的各个领域，例如癌症治疗、工业探伤、辐照育种、科研等。$\alpha$ 射线是一种带电粒子流，由于带电，它所到之处很容易引起电离，但是穿透能力差，纸张就能将它屏蔽；$\beta$ 射线也是一种高速带电粒子，其电离本领比 $\alpha$ 射线小得多，但穿透本领比 $\alpha$ 射线大，但是铝箔就能完全起到屏蔽作用。与 $\alpha$ 射线、$\beta$ 射线相比，X 射线、$\gamma$ 射线是不带电、波长短的电磁波，能够穿透更厚的物质，且随着能量的升高，穿透能力越强，它们导致的电离效应则是由于引起原子壳层电子发射和正负电子对导致的，其中 X 射线和 $\gamma$ 射线统称为光子，X 射线能量低于 $\gamma$ 射线。中子属于重子类，由两个下夸克和一个夸克组成，是一种电中性粒子，与其他常见的粒子最大的区别分别在于中子因其下夸克和上夸克之间电荷相互抵消，本身不带电荷，它和原子核之间没有库仑斥力，它可以到达所有的原子核。中子电离密度大，也常常会引起大的突变，且穿透力极强。可以看出，辐射防护中难度较大的是 $\gamma$ 射线和中子。

### 5.4.2　电离辐射的危害与防护

电离辐射能引起损伤效应是一个非常复杂的过程，当机体受到电离辐射作用后，物质分子吸收能量，发生电离和激发，导致生物大分子，譬如蛋白质、核酸等的损伤，由此会引发细胞代谢、功能和结构的改变，最终就会引起机体损伤。电离辐射作用于机体后，会引起机体各种变化，造成造血器官、消化系统、中枢神经、免疫系统受损，会使受伤机体发展成为恶性肿瘤、白血病、肺癌、不孕不育、畸形儿等严重的损害现象，甚至会有遗传效应。可以看出，中子与γ射线的技术给人类带来了巨大益处的同时，过度的辐照也会对人体造成潜在的损伤效应，并且有些损伤不可逆。

辐射防护的目的就是在不过分限制对人类产生照射的有益实践的基础上，采取一系列法律、法规和限制性技术手段，有效地保护人类健康，防止确定性效应的产生，并将随机性效应的发生率降低到可接受的水平，使人员受辐照的剂量和危险保持在尽可能低的水平，进而合理地降低辐射带来的危害，总体原则遵循辐射实践正当性原则、辐射防护最优化原则和个人剂量限制原则。可以看出，对于有接触放射源的可能性的各类人员，适当的辐射防护措施是有必要的，因此有效的辐射防护材料是非常重要的屏障。

### 5.4.3　常见的中子/γ射线屏蔽材料

铅的原子序数是82，屏蔽性能好，医院等场所就采用铅板作为γ射线、X射线的辐射防护材料。钢材应用于各类辐射防护场所，但其中子防护能力一般，而添加硼元素则能一定程度的改善热中子屏蔽能力。以铝为基体的屏蔽材料中使用比较广泛的是铝基碳化硼板材，常用于乏燃料储存和运输。混凝土的制备工艺简单，价格便宜，是使用最为广泛的辐射防护材料，并且添加性能优异的辐射防护填料可以调节混凝土的屏蔽能力。聚乙烯由于氢元素的存在能够起到慢化中子的功能，也是一种应用广泛的屏蔽材料基体，但其对热中子和γ射线的屏蔽能力一般，而通过添加其他辐射防护性能填料，则可以让聚乙烯基复合材料能够满足不同场合。环氧树脂因具有优异的耐腐蚀性、耐热性、良好的力学性能并且抗中子、γ射线的辐照损伤等特点，而被广泛地用于屏蔽材料领域，如环氧树脂可用作核电站墙体或地板涂层，也可直接用于混凝土的修复，环氧树脂中添加骨料可用来制备混凝土修复的环氧树脂浆料或直接制备屏蔽材料。玻璃作为一种可透明的功能性材料，通过添加重元素和硼等辐射性能好的化合物可制备出其他屏蔽材料不可替代的可视性作用的辐射防护玻璃。

### 5.4.4　无机非金属资源在射线屏蔽材料领域的应用

常见的屏蔽材料都采用的是屏蔽性能优异的单质或者化合物，这些原料成本较高，因而寻找低成本的辐射防护材料具有重要的意义。而矿物资源中含有的部分元素对中子/γ射线具有较强的辐射防护能力，因此将矿物资源用于制备辐射防护材料不仅能够降低成本，也能实现资源的绿色化利用。

利用大量矿物资源可制备出价格低廉但应用广泛的辐射防护材料——防辐射混凝土。防辐射混凝土主要由密度很大的水泥或水化结合水含量较高的水泥与特殊集料组合配置而成，其中，特殊集料发挥防御射线的功能。特殊集料的化合水含量、表观密度等是防辐射混凝土的重要技术指标，其大小能够直接影响混凝土屏蔽 γ 射线和中子射线的能力。配置防辐射混凝土时所采用的特殊集料，常采用各种矿石，如重晶石（主要成分 $BaSO_4$）、磁铁矿（主要成分 $Fe_3O_4$）、赤铁矿（主要成分 $Fe_2O_3$）、褐铁矿（主要成分 $Fe_2O_3$、结晶水）、硼镁矿（主要成分 $B_2O_3$、MgO、$Fe_2O_3$）等。飞灰也用来制备了辐射性能较好的玻璃辐射防护材料。赤泥、自然沸石也可用来制备辐射防护陶瓷和砖。硬硼钙石和钢渣可用来制备环氧树脂复合材料，而此类复合材料的适用性非常宽泛，且能作为表面涂层材料，同时有利于减缓环境污染问题并节约成本。

我国硼矿资源稀散、品位低，主要的含硼资源类型为硼镁石矿、硼镁铁矿以及盐湖含硼资源。主要用于生产硼产品的是硼镁石矿和硼镁铁矿，这两种矿主要分布于中国辽宁地区。而硼镁石矿的品位仅有 12%，然而由于开发多年也已被限制开发。硼镁铁矿相对储量高，大约占我国硼储量的 58.4%，但是氧化硼的品位仅有 6%~9%，由于有价组元共生，因此硼镁铁矿利用难度大，暂无较大规模的开发利用。辽宁省特有含硼矿物资源经过各级利用后，主要含硼的资源可以分为硼镁石矿、硼镁铁矿、含硼铁精矿、硼精矿、富硼渣和硼泥，含硼矿物资源具有优异的热中子辐射防护作用，特别是硼含量高的矿物，应用前景广阔。

## —— 本 章 小 结 ——

本章介绍了环境材料的基本概念、特征及分类，介绍了环境危害的因素与环境材料的重要性，包括辐射射线种类、危害和防护，详细论述了无机非金属资源在水处理用环境材料、大气污染防治用环境材料及辐射防护用环境材料方面的应用。

## 习　题

5-1　如何理解环境材料，分类有哪些？

5-2　无机非金属资源在水处理用环境材料方面的应用有哪些？并举例详细介绍。

5-3　无机非金属资源在大气污染防治用环境材料方面的应用有哪些？并举例详细介绍。

5-4　无机非金属资源在辐射防护用环境材料方面的应用有哪些？并举例详细介绍。

**6** 无机非金属资源在冶金工业应用

**本章提要：**
(1) 了解冶金的概念、分类及工艺流程。
(2) 掌握无机非金属资源在冶金工业方面的应用。

# 6.1 冶 金 概 述

冶金是一门研究如何经济地从矿石或其他原料中提取金属或金属化合物，并用各种加工方法制成具有一定性能的金属材料的科学。

用于提取各种金属的矿石具有不同的特性，故提取金属要根据不同的原理，采用不同的生产工艺过程和设备，从而形成了冶金的专门学科——冶金学。

冶金学以研究金属的制取、加工和改进金属性能的各种技术为重要内容，发展到对金属成分、组织结构、性能和有关基础理论的研究。就其研究领域，冶金学分为提取冶金和物理冶金两门学科。

提取冶金学是研究如何从矿石中提取金属或金属化合物的生产过程，由于该过程伴有化学反应，故又称化学冶金。

物理冶金学是通过成形加工制备具有一定性能的金属或合金材料，研究其组成、结构的内在联系，以及在各种条件下的变化规律，为有效地使用和发展特定性能的金属材料服务。它包括金属学、粉末冶金、金属铸造、金属压力加工等。

现代工业上习惯把金属分为黑色金属和有色金属两大类，铁、铬、锰三种金属属于黑色金属，其余的金属都属于有色金属。因此，冶金工业按照金属的两大类别通常分为黑色金属冶金工业和有色金属冶金工业两大类。前者包括铁、钢及铁合金（如锰铁、铬铁）的生产，故又称钢铁冶金。后者包括各种有色金属的生产，统称为有色金属冶金。

## 6.1.1 冶金方法

从矿石或其他原料中提取金属的方法很多，可归结为以下三种方法：

（1）火法冶金。它是指在高温下矿石经熔炼与精炼反应及熔化作业，使其中的金属和杂质分开，获得较纯金属的过程。整个过程可分为原料准备、冶炼和精炼三个工序。过程所需能源主要靠燃料燃烧供给，也有依靠过程中的化学反应热来提供的。

（2）湿法冶金。它是在常温或低于100℃下，用溶剂处理矿石或精矿，使所要提取的金属溶解于溶液中，而其他杂质不溶解，然后再从溶液中将金属提取和分离出来的过程。由于绝大部分溶剂为水溶液，故也称水法冶金。该方法包括浸出、分离、富集和提取等工序。

（3）电冶金。它是利用电能提取和精炼金属的方法，按电能形式可分为两类：

1）电热冶金。利用电能转变成热能，在高温下提炼金属，本质上与火法冶金相同。

2）电化学冶金。用电化学反应使金属从含金属盐类的水溶液或熔体中析出，前者称为溶液电解，如铜的电解精炼，可归入湿法冶金；后者称为熔盐电解，如电解铝，可列入火法冶金。

采用哪种方法提取金属，按怎样的顺序进行，在很大程度上取决于所用的原料以及要求的产品。冶金方法基本上是火法和湿法，钢铁冶金主要用火法，而有色金属提取则火法和湿法兼有。

### 6.1.2　主要冶金过程简介

在生产实践中，各种冶金方法往往包括许多个冶金工序，如火法冶金中有选矿、干燥、煅烧、焙烧、烧结、球团、熔炼、精炼等工序。本节重点介绍以下工序：

（1）干燥。干燥是指除去原料中的水分。

（2）焙烧。焙烧是指将矿石或精矿置于适当的气氛下，加热至低于它们的熔点温度，发生氧化、还原或其他化学变化的冶金过程。其目的是为改变原料中提取对象的化学组成，满足熔炼的要求。按焙烧过程控制气氛的不同，可分为氧化焙烧、还原焙烧、硫酸化焙烧、氯化焙烧等。

（3）煅烧。煅烧是指将碳酸盐或氢氧化物的矿物原料在空气中加热分解，除去二氧化碳或水分变成氧化物的过程，也称焙解。如石灰石煅烧成石灰，作为炼钢熔剂。

（4）烧结和球团。烧结和球团是将不同粉矿混匀或造球后加热焙烧，固结成多孔块状或球状的物料。烧结和球团是粉矿造块的主要方法。

（5）熔炼。熔炼是指将处理好的矿石或其他原料，在高温下通过氧化还原反应，使矿石中金属和杂质分离为两个液相层即金属液和熔渣的过程，也叫冶炼。按冶炼条件可分为还原熔炼、造锍熔炼、氧化吹炼等。

（6）精炼。精炼是进一步处理熔炼所得含有少量杂质的粗金属，以提高其纯度。如熔炼铁矿石得到生铁，再经氧化精炼成钢。精炼方法很多，如炼钢、真空冶金、喷射冶金、熔盐电解等。

（7）吹炼。吹炼的实质是氧化熔炼。例如将造锍熔炼所得到的锍的熔体，一般在转炉中借助鼓入空气中的氧（或富氧空气）使锍中的铁、硫和其他杂质元素氧化，或造渣或挥发与主体金属分离而得到粗金属。

（8）蒸馏。蒸馏是指将冶炼的物料在间接加热的条件下，利用在某一温度下各种物质挥发度不同的特点，使冶炼物料中某些组分分离的方法。

（9）浸出。所谓浸出（又名溶出）就是将固体物料（如矿石、精矿等）加到液体溶剂中，使固体物料中的一种或几种有价金属溶解于溶液中，而脉石和某些非主体金属入渣，使提取金属与脉石和某些杂质分离。

（10）净化。净化是用于处理浸出溶液或其他含有杂质超标的溶液，以除去溶液中杂质至达标的过程。净化过程也是综合利用资源、提高经济效益、防止污染环境的有效方法。

由于溶液中各种元素的性质不同，采用的净化方法也不同，这样就不能试图采用一种方法一次将所有的杂质除去，而是采用不同方法，多次才能完成，一般常用的净化方法有离子沉淀法、置换沉淀法和共沉淀法等。

（11）水溶液电解。在水溶液电解质中，插入两个电极——阴极与阳极，通入直流电，使水溶液电解质发生氧化-还原反应，这个过程称为水溶液电解。

水溶液电解时，因使用的阳极不同，有可溶阳极与不可溶阳极之分，前者称为电解精炼，后者称为电解沉积。

（12）熔盐电解。熔盐电解是用熔融盐作为电解质的电解过程。熔盐电解主要用于提取轻金属，如铝、镁等。这是由于这些金属的化学活性很大，电解这些金属的水溶液，得不到金属。为了使固态电解质成为熔融体，过程要在高温条件下进行。

可见，冶金过程是应用各种化学和物理化学的方法，使原料中的主要金属与其他金属或非金属元素分离，以获得纯度较高的金属的过程。

冶金学是一门多学科的综合应用科学，一方面，冶金学不断吸收其他学科特别是物理学、化学、力学、物理化学、流体力学等方面的新成就，指导冶金生产技术向新的广度和深度发展；另一方面，冶金生产又以丰富的实践经验充实冶金学的内容，也为其他学科提供新的金属材料和新的研究课题。电子技术和电子计算机的发展和应用，对冶金生产产生了深刻的影响，促进了新金属和新合金材料不断产出，进一步适应了高精尖科学技术发展的需要。

### 6.1.3 钢铁工业在国民经济中的地位

现代任何国家是否发达要看其工业化及生产自动化的水平，即工业生产在国民经济中所占的比例以及工业的机械化、自动化程度。而劳动生产率是衡量工业化水平极为重要的标志之一。为达到较高的劳动生产率需要大量的机械设备。钢铁工业为制造各种机械设备提供最基本的材料，属于基础材料工业的范畴。钢铁还可以直接为人们的日常生活服务，如为运输业、建筑业及民用用品提供基本材料。因此在一定意义上说，一个国家钢铁工业的发展状况也反映其国民经济发达的程度。

衡量钢铁工业的水平应考查其产量（人均年占有钢的数量）、质量、品种、经济效益及劳动生产率等各个方面。纵观当今世界各国，所有发达国家无一不是具有相当发达的钢铁工业。

钢铁工业的发展需要多方面的条件，如稳定可靠的原材料资源，包括铁矿石、煤炭及某些辅助原材料，如锰矿、石灰石及耐火材料等；稳定的动力资源，如电力、水等；由于钢铁企业生产规模大，每天原材料及产品的吞吐量大，需要庞大的运输设施为其服务，一般要有铁路或水运干线经过钢铁厂；对于大型钢铁企业来说，还必须有重型机械的制造及电子工业为其服务。此外，建设钢铁企业需要的投资大，建设周期长，而成本回收慢，故雄厚的资金是发展钢铁企业的重要前提。

钢铁之所以成为各种机械装备及建筑、民用等各部门的基本材料，是因为它具备以下优越性能：

（1）有较高的强度及韧性。

（2）容易用铸、锻、切削及焊接等多种方式进行加工，以得到任何结构的工部件。

（3）所需资源（铁矿、煤炭等）储量丰富，可供长期大量采用，成本低廉。

（4）人类自进入铁器时代以来，积累了数千年生产和加工钢铁材料的丰富经验，已具有成熟的生产技术。自古至今，与其他工业相比，钢铁工业相对生产规模大、效率高、质量好和成本低。

到目前为止，还看不出有任何其他材料在可预见的将来能代替钢铁现有的地位。

### 6.1.4 有色金属工业在国民经济中的地位

有色金属与人类社会的文明史息息相关。历史发展证明，材料是社会进步的物质基础和先导。金属的使用和冶金技术的进步与人类社会关系密切。历史学家曾用器物的使用作为社会生产力发展的里程碑，如青铜时代、铁器时代等。

能源、信息技术和材料被称为现代社会的三大支柱。当今，信息技术、生物技术、新材料技术和新能源技术已构成一个前所未有的科学群。有色金属及其合金、化合物是现代材料的重要组成部分，物质世界已发现的 112 种元素中，有色金属占 2/3 以上（95 种），它们与能源技术、生物技术、信息技术关系十分密切。其应用遍及第一、第二、第三产业和现代高新技术的各个领域，在国民经济中占有重要地位。有色金属已成为国民经济和国防所必需的材料，许多有色金属特别是稀有金属是国家重要的战略物资。一个国家有色金属的消费量和生产量是衡量国家综合实力和强盛的重要标志之一。随着经济发展和科技进步，有色金属的诸多优异特性和价值正逐渐被人们所发现。它的应用领域越来越广阔，市场需求也越来越大。

# 6.2 无机非金属资源有价矿物提取

### 6.2.1 尾矿中有价组分的提取

#### 6.2.1.1 铁尾矿

含铁尾矿中有价组分的回收主要是铁矿物的回收，包括赤铁矿（镜铁矿、针铁矿）、菱铁矿、黄铜矿、磁黄铁矿、褐铁矿等。尾矿再选的难题在于弱磁性铁矿物和共、伴生金属矿物及非金属矿物的回收。弱磁性铁矿物其伴生金属的回收，除少数可用重选方法实现外，多数要靠强磁、浮选及重磁浮组成的联合流程。

A 铁尾矿中磁铁矿的回收

磁铁矿主要以细粒和连生体的形式损失在尾矿中，这类矿物的回收主要采用尾矿弱磁选和尾矿再磨再选的工艺来实现。较典型的实例是本钢南芬选矿厂，该选矿厂设计年处理原矿石 1000 万吨，尾矿含铁品位一般在 7%~9%，排放浓度 12% 左右。尾矿中铁矿物主要为磁铁矿，其次为黄铁矿、赤铁矿，脉石矿物主要为石英、角闪石、绿长石、云母、方解石等。尾矿中铁物相分析见表 6-1。

表 6-1 尾矿铁物相分析结果

| 相 态 | 黄铁矿 | 磁铁矿 | 赤铁矿 | 全铁 |
|---|---|---|---|---|
| 质量分数/% | 0.61 | 7.41 | 0.58 | 8.60 |
| 分布率/% | 7.10 | 86.16 | 6.74 | 100.00 |

由表 6-1 可知，南芬选矿厂尾矿中全铁含量为 8.60%，而铁矿物呈磁性铁状态的铁含量为 7.41%，占全铁的 86.16%，且铁的分布率-0.125mm 占 95.16%。

南芬选矿厂尾矿再选工艺于 1993 年 11 月投入生产运行。尾矿再选厂利用磁选和再磨再选加细筛自循环弱磁选流程回收尾矿中的铁矿物。工艺流程如图 6-1 所示。生产实践表明，采用该流程可以获得品位为 64.53% 的低磷、低硫铁精矿，并使选矿厂铁回收率提高 7.56%。

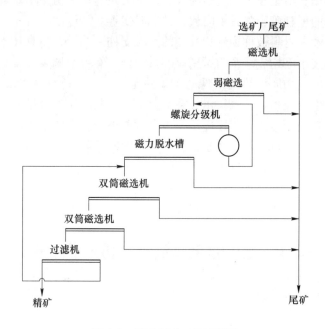

图 6-1　尾矿再选工艺流程图

**B　铁尾矿中弱磁性铁矿物的回收**

铁尾矿中的弱磁性铁矿物的回收一般采用磁—浮选联合流程。磁选的目的主要是进行有用矿物的预富集，以提高入选品位，减少浮选矿量并兼脱除细微矿泥的作用。

太钢峨口铁矿选矿厂，矿山中铁矿物虽然以磁铁矿为主，但含有一定数量的碳酸铁矿物（平均占全铁的 20% 左右）。该选矿厂年处理原矿 400 万吨，采用阶段磨矿—三段弱磁选工艺，只能回收强磁性铁矿物，因此铁回收率低（60% 左右），造成大量资源的浪费。马鞍山矿山研究院针对该尾矿的特点，提出了细筛—强磁—浮选工艺回收尾矿中的碳酸铁，取得较好的效果。

该选矿厂尾矿为现生产流程中的弱磁选综合尾矿，尾矿的多元素化学分析、铁物相分析及粒度组成分析分别见表 6-2~表 6-4。

表 6-2　尾矿多元素化学分析结果　　　　　　　　　　　　　　（%）

| TFe | SFe | FeO | $SiO_2$ | $Al_2O_3$ | CaO | MgO | P | S | $K_2O$ | $Na_2O$ | 烧失量 |
|---|---|---|---|---|---|---|---|---|---|---|---|
| 14.82 | 13.15 | 11.36 | 60.11 | 2.22 | 3.04 | 2.70 | 0.078 | 0.26 | 0.23 | 0.38 | 9.37 |

**表 6-3 尾矿铁物相分析结果**

| 铁相名称 | 碳酸铁 | 赤(褐)铁矿 | 磁铁矿 | 硅酸铁 | 硫化铁 | 全铁 |
|---|---|---|---|---|---|---|
| 含量/% | 5.93 | 4.96 | 0.78 | 2.94 | 0.19 | 14.80 |
| 占有率/% | 40.07 | 33.51 | 5.27 | 19.81 | 1.28 | 100.00 |

**表 6-4 尾矿粒度分析结果**

| 粒度/mm | 产率/% | 品位/% | 金属分布率/% |
|---|---|---|---|
| +0.15 | 11.93 | 10.48 | 8.40 |
| -0.15+0.076 | 31.35 | 9.75 | 20.50 |
| -0.076+0.010 | 49.54 | 17.66 | 58.80 |
| -0.010 | 7.18 | 25.46 | 12.30 |
| 合　计 | 100.00 | 14.88 | 100.00 |

由于尾矿中铁品位较低，含硅较高，因此碳酸铁回收技术的关键是铁碳酸盐矿物与含铁硅酸盐矿物的高效分离。现场采用了筛分—强磁选—浮选的工艺流程，其中筛分作业的目的为筛除不适合浮选的+0.15mm 的粗粒，强磁选的磁场强度为 800kA/m，浮选为一粗二精中矿顺序返回的工艺，以水玻璃作为分散抑制剂，以石油磺酸盐为主的混合捕收剂，辅以少量的脂肪酸类捕收剂，以硫酸作为 pH 值调整剂进行弱酸性浮选，详细的工艺流程如图 6-2 所示。

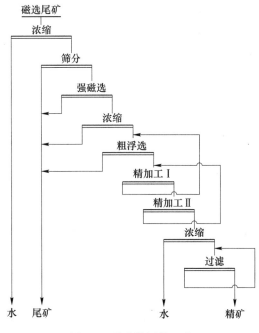

图 6-2　碳酸铁回收工艺

用上述流程，得到铁品位 35%（烧后 52% 以上），$SiO_2$ 含量小于 5% 的铁精矿，总铁回收率可提高 15% 以上。

此外，在含铁矿物的回收上，也常用螺旋选矿机、螺旋溜槽等重选工艺以及磁团聚等手段，组成联合作业来进行。

**C　铁尾矿中提取高纯石英砂**

南芬选矿厂尾矿中非金属矿物主要为石英，且 $SiO_2$ 含量高达 77.83%，石英与铁矿物连生，石英矿物的包裹体，鲕状结构较少，颗粒较大，可以充分回收利用其中的石英制备高纯石英砂，实现尾矿的高附加值利用。高纯石英砂 $SiO_2$ 品位在 99.90% 以上，属中性无机填料，不含结晶水，不与被填充物发生化学反应，是一种非常稳定的矿物填料，被广泛应用于高级液晶玻璃、大规模及超大规模集成电路、光纤、激光、航天、军事等领域中。

对南芬铁尾矿进行高纯石英砂提取需要物理选矿、化学选矿、粉体表面处理等多种工艺结合，目前主要采用磨矿—弱磁选—强磁选—浮选—整形磨—深加工酸洗处理—表面改性处理工艺，提取的高纯石英砂 $SiO_2$ 品位 99.9% 以上、白度 94.0% 以上，达到高品质石英砂标准。

**6.2.1.2　有色金属尾矿**

**A　从铜矿尾矿中回收非金属矿物**

**a　石榴子石的回收**

永平铜矿浮选尾矿中主要的脉石矿物是石榴子石和石英，其中石榴子石的矿物量占32%左右。为回收尾矿中的石榴子石，现有技术是先采用螺旋溜槽预选抛尾，可得到含铜、硫、钨的粗精矿，以及含石榴子石的中矿。然后再用磁选或摇床重选技术处理中矿，磁选方案最终可获得含石榴子石 96.3%、回收率 69.3% 的精矿；摇床重选方案可获得含石榴子石 95.4%、回收率 60.59% 的精矿。

**b　重晶石的回收**

重晶石是一种含金属钡的硫酸盐类矿物，化学式为 $BaSO_4$。重晶石化学性质稳定，难溶于水，不溶于盐酸，无磁性和毒性。密度为 $4.3 \sim 4.5g/cm^3$，莫氏硬度为 $3 \sim 3.5$，能吸收 X 射线和 γ 射线。重晶石广泛应用于石油、化工、轻工、冶金、医学、农业及原子能、军事等工业部门，其用途超过 2000 项，重晶石工业产品主要有重晶石粉、含钡的化工产品和锌钡白等。

浙江平水铜矿 1967 年建厂，选矿能力已经扩大到 700t/d，尾矿 300 余万吨，尾矿中70% 左右是硅酸盐，重晶石占 12% 左右，此外还含有少量铜锌金属硫化物。近几年，依据循环经济发展模式，平水铜矿开展无尾矿生产，综合回收铜锌、重晶石、尾矿制砖。由于绍兴及周边地区化工行业发达，该厂尾矿回收重晶石有较大的优势，同时也可以减少后续制砖物料的比重。

由表 6-5 试样筛析结果可知，平水铜矿尾矿中的重晶石（$BaSO_4$）主要富集在细粒级，因此试验直接采用 -0.074mm 粒级进行浮选试验，浮选前进行脱硫。采用活性炭脱药，以丁黄药为捕收剂，2 号油为起泡剂进行脱硫。脱硫后的尾矿进行钡浮选。以碳酸钠为调整剂，硅酸钠为抑制剂，十二烷基硫酸钠和油酸为捕收剂进行浮选，结果可获得硫酸钡品位91.68%、回收率 80.41% 的重晶石。试验流程如图 6-3 所示。

**表6-5 试样筛析结果**

| 粒级/mm | 产率/% | BaSO$_4$ 品位/% | BaSO$_4$ 分布率/% |
|---|---|---|---|
| +0.18 | 4.81 | 1.32 | 0.55 |
| −0.18+0.124 | 7.71 | 1.64 | 1.10 |
| −0.124+0.074 | 10.14 | 3.27 | 2.89 |
| −0.074+0.037 | 22.23 | 7.57 | 14.66 |
| −0.037+0.031 | 30.38 | 16.47 | 43.59 |
| −0.031 | 24.73 | 17.26 | 37.20 |
| 合 计 | 100.00 | 11.48 | 100.00 |

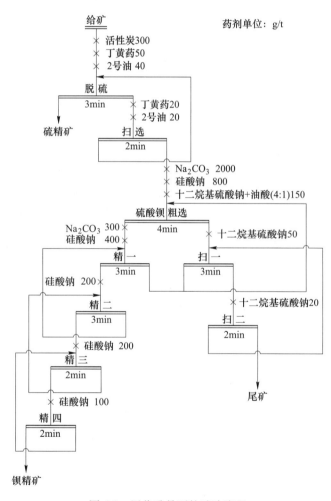

图6-3 回收重晶石的试验流程

c 钾长石的回收

内蒙古赤峰车户沟铜钼尾矿的主要化学成分如表6-6所示，原矿粒度筛析结果如表6-7所示。通过对铜钼尾矿成分进行分析，得知矿石中主要金属矿物有辉钼矿、黄铁矿、黄铜矿、金红石、磁铁矿、赤铁矿等，非金属矿物主要有黑云母、石英和长石等。

表 6-6 铜钼尾矿的主要化学成分

| 成分 | SiO$_2$ | Al$_2$O$_3$ | MgO | CaO | K$_2$O | Na$_2$O | Fe$_2$O$_3$ | TiO$_2$ | LOT |
|------|---------|-------------|------|------|--------|---------|-------------|---------|------|
| 含量/% | 67.97 | 14.21 | 1.34 | 2.20 | 4.25 | 3.61 | 3.00 | 0.41 | 3.01 |

表 6-7 原矿粒度筛析结果

| 粒度/mm | 产率/% | 累计产率/% |
|---------|--------|-----------|
| +0.45 | 36.6 | 100.0 |
| −0.45+0.2 | 34.5 | 63.4 |
| −0.2+0.1 | 16.9 | 28.9 |
| −0.1+0.074 | 5.7 | 12.0 |
| −0.074 | 6.3 | 6.3 |

长石在玻璃工业中可提供玻璃制品的原料；在陶瓷工业，可做普通陶瓷坯料及釉料的原料；在机械工业，可做磨料模具，电焊条等；在水泥领域，可生产白水泥；在农业领域，可制作钾肥。所以从尾矿中提取应用价值很高的长石具有较大的经济效益。

为回收利用尾矿中的钾长石，试验采用磁选—反浮选—正浮选的工艺流程，磁选采用湿法除铁。反浮选包括两个不同的浮选过程，第一次先用丁黄药和脂肪酸做捕收剂，在酸性环境下除去硫化矿和部分氧化矿；第二次采用脂肪酸，并加入氢氧化钠，调整 pH 值为 9~10，在碱性环境下除去其余氧化矿。正浮选时加入改性胺和氟化氢，改性胺用酒精充分溶解。最终可将 K$_2$O 品位从原矿的 4.25% 提高到 7.15%，试验流程如图 6-4 所示。

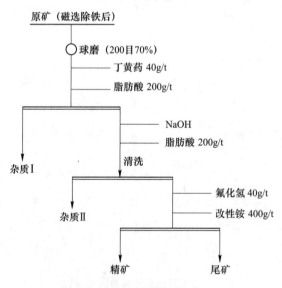

图 6-4 铜钼尾矿浮选试验流程

B 铅锌尾矿的再选

我国铅锌多金属矿产资源丰富，矿石常伴生有铜、金、铅、钼、钨、硫、铁及萤石等。

a 从铅锌尾矿中回收银

八家子铅锌矿选矿尾矿堆存量200万吨以上，其中银含量较高，达69.9g/t。银回收的工艺流程为：将尾矿再磨至-0.053mm占91.6%，用碳酸钠作调整剂，丁铵黑药和丁黄药作捕收剂，2号油作起泡剂，烤胶作抑制剂，浮选出含银精矿，品位达1193.85g/t，回收率63.74%。

b 从铅锌尾矿中回收非金属矿物

某些铅锌尾矿往往含有重晶石、萤石等矿物，一般采用浮选或重选或浮选—重选联合流程对这些矿物加以回收。某铅锌尾矿的分支浮选流程如图6-5所示，回收重晶石的工艺流程如图6-6所示。

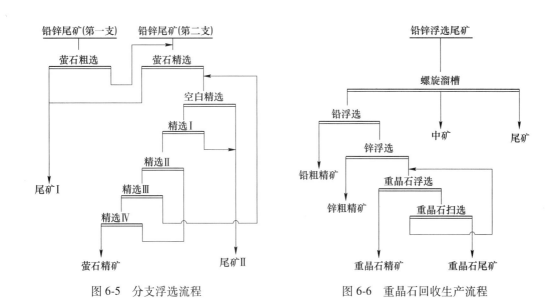

图6-5 分支浮选流程                图6-6 重晶石回收生产流程

C 从钼尾矿中回收非金属矿物

陕西某钼尾矿中矿物组成及相对含量见表6-8。从表6-8分析数据可知，钼尾矿中矿物组成主要为石英、云母和长石，其他矿物含量低。

表6-8 钼尾矿矿物组成 （%）

| 矿物名称 | 石英 | 云母 | 长石 | 碳酸盐 | 绿泥石 | 绿帘石 | 角闪石 | 金属矿物 |
|---|---|---|---|---|---|---|---|---|
| 相对含量 | 60 | 22 | 14 | 1.5 | 1 | 0.5 | 0.5 | 0.5 |

因云母回收难度大，可放弃对其回收。分选重点在石英和长石上，先对石英长石不分离进行试验分析。工艺流程为：磁选—分级—浮选出云母—浮选除杂，获得产率为36.61%，$SiO_2$和$Fe_2O_3$品位分别为91.41%、0.12%的石英长石混合物。其中，试验所用浮选药剂均为万泉公司自制专利药剂，一段浮选采用WQ-11药剂，浮选云母及含铁矿物杂质；二段浮选采用WQ-28药剂，分离部分杂质矿物，得到石英长石混合物，试验流程如图6-7所示。石英长石混合物化学分析结果见表6-9，石英长石混合物可用于制造泡沫陶瓷，生产保温装饰一体化墙体材料。

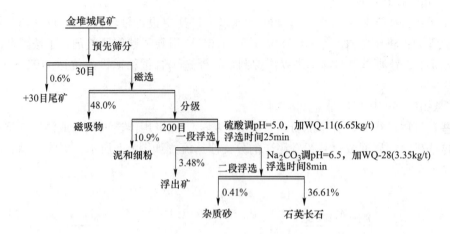

图 6-7　石英长石混合物回收试验流程

表 6-9　石英长石混合物化学分析结果　　　　　　　　　　　　（%）

| 名　称 | $SiO_2$ | $Fe_2O_3$ | $Al_2O_3$ | $K_2O$ | $Na_2O$ |
| --- | --- | --- | --- | --- | --- |
| 石英长石混合物 | 91.41 | 0.12 | 3.69 | 3.08 | 0.16 |

石英、长石分离在过去一般采用添加氢氟酸和其他酸的方式，来调节矿浆 pH 值，以及清洗矿物表面，但由于氢氟酸的腐蚀性较强，随废水排出的氟离子对生态环境的影响较大。因此研究采用"无氟有酸"流程进行试验，通过预先筛分、磁选、分级、两段浮选后，获得了产率为 23.2%，$SiO_2$ 和 $Al_2O_3$ 品位分别为 96.63%、1.69% 的石英产品；产率为 8.2%，$SiO_2$、$Al_2O_3$ 和 $K_2O$ 品位分别为 81.41%、9.42% 和 7.87% 的长石产品。在实际生产中，已考虑到浮选设备的耐腐蚀要求，且捕收剂安全可靠，符合国家环保要求。试验流程见图 6-8，石英、长石化学分析结果见表 6-10。石英满足制造平板玻璃及器皿玻璃的质量要求。长石用作玻璃原料，也可用作钾长石制钾肥。

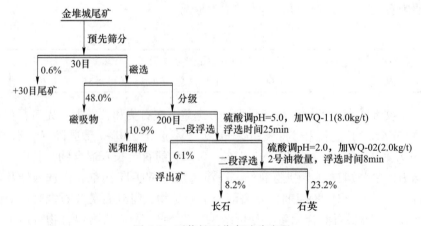

图 6-8　石英长石分离试验流程

表 6-10　石英、长石化学分析结果　　　　　　　　（%）

| 名　称 | SiO$_2$ | Fe$_2$O$_3$ | Al$_2$O$_3$ | K$_2$O | Na$_2$O |
| --- | --- | --- | --- | --- | --- |
| 石英 | 96.63 | 0.08 | 1.69 | 1.42 | 0.064 |
| 长石 | 81.41 | 0.24 | 9.42 | 7.87 | 0.32 |

D　从钨尾矿中回收非金属矿物

钨常与锡、铋、钼等许多金属以及萤石、石英、重晶石等非金属尾矿共生，因此钨尾矿再选，可以回收某些金属矿和非金属矿。我国作为主要产钨国，已有较多的钨选矿厂从选钨尾矿中回收钼、铜、铋、钨、铍以及萤石等。

a　萤石的回收

萤石（CaF$_2$）不溶于水，可溶于强酸，与强碱稍起反应，具有热发光性，是一种被广泛应用于化工、钢铁、玻璃及陶瓷等工业中的重要非金属矿物。因此，加强尾矿中萤石的回收具有重大意义。

对某钨尾矿中含 CaF$_2$ 8.12% 的低品位萤石进行浮选试验研究，根据萤石嵌布粒度细、品位低、单体解离难的特点，采用 HY 为萤石捕收剂，酸化水玻璃+HF 为脉石矿物抑制剂，经过 1 次粗选 7 次精选的闭路试验流程（见图 6-9），获得 CaF$_2$ 品位 95.36%，回收率 61.39% 的萤石精矿。

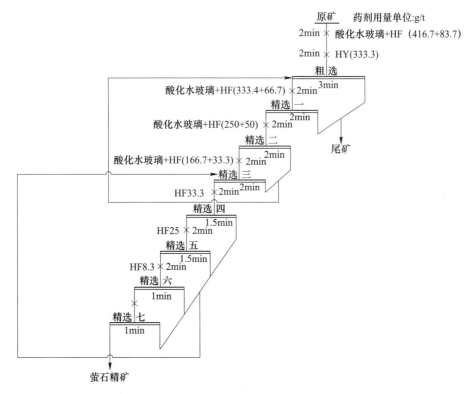

图 6-9　钨尾矿回收萤石的闭路试验流程

b　石榴子石的回收

石榴子石因其高硬度可作研磨材料，晶粒粗大，且色泽美丽、透明无瑕，可作宝石原料，近些年来，需求量越来越大。

采用单一重选、单一磁选和重—磁联合流程从黄沙坪低品位钨多金属尾矿中回收石榴子石试验研究结果表明：采用单一磁选方法可获得更高的石榴子石精矿回收率，试验结果获得品位为 72.0%、回收率为 89.98% 的石榴子石精矿。

针对柿竹园多金属矿尾矿中各矿物的密度差异大的特点，采用螺旋溜槽预选—粗精矿弱磁回收铁—弱磁尾矿重选回收钨—预选中矿强磁或摇床回收石榴子石（见图 6-10），经联选试验表明，采用强磁或摇床两种方案均可获得较满意的选别指标，石榴子石精矿主品位达 89% 以上，回收率达 40% 以上，实现尾矿综合利用。

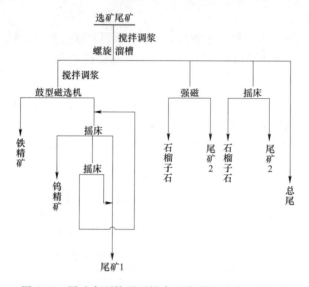

图 6-10　尾矿中石榴子石综合回收联选试验工艺流程

c　石英的回收

石英已被广泛应用于玻璃、陶瓷以及其他非金属工业中，是非金属工业的主要原料，且优质的石英砂市场前景可观。

通过研究江西省某钨尾矿的物质组分，根据尾矿中主要矿物的工艺矿物特性，采用擦洗—脱泥—分级—正浮选试验流程选别该尾矿中的石英会有明显的效果，试验结果表明，$SiO_2$ 的品位能达到 96% 左右。试验流程采用正浮选法回收尾矿中石英，并作为玻璃原料和铸造翻砂材料，能有效利用尾矿中 80% 以上的尾砂，提高尾矿资源的综合利用率。同时，回收石英后的尾砂可作为第二代免烧砖和空心砖的主要原材料以进一步利用，可使该钨矿真正做到零尾矿。

d　绿柱石的回收

铍是我国重要的金属战略资源，因其具有优良的物理化学性能和机械加工性能，在电子工业、石油工业、航空航天、卫星通信、导弹及核反应堆等领域已获得广泛应用。随着我国科技的发展及铍应用范围的扩大，铍的用量猛增，与我国铍矿资源不丰富的现实形成矛盾，因此研究从尾矿中回收铍对解决我国铍资源需求与供给矛盾将具有一定缓解作用。

采用"碱法粗选—酸法精选"工艺处理江西九龙脑矿区黑钨矿重选尾矿，以回收绿柱石。粗选时以 $Na_2S$ 为调整剂、油酸为捕收剂，不加温、不脱泥；精选时在过滤脱药后以氢氟酸为调整剂、HM-11 为捕收剂，获得含 BeO 8.23%，回收率 63.34% 的绿柱石精矿。

E 从金尾矿中回收非金属矿物

a 石英的回收

石英是金尾矿中常见的一种非金属矿物，尤其是在石英脉型、蚀变岩型金矿中含量较高，综合回收潜力巨大。

通过对某石英脉型金矿尾矿进行研究，采用分级脱泥—强磁—浮选—酸浸选别工艺，从 $SiO_2$ 质量分数为 84.5% 的尾矿中可得浮选精制石英砂的 $SiO_2$ 品位为 97.05%、产率为 56.79%。

b 长石的回收

长石是架状硅酸盐矿物，在黄金矿山尾矿中长石常与石英、云母等矿物共生。要回收长石，主要是将长石与石英、云母等共生矿物的分离。除铁和其他金属化合物是长石提纯的重要环节，一般采用磁选、重选脱除铁和其他重矿物后，采用浮选进行精选。

山东某黄金矿山采用弱磁—强磁—反浮选联合工艺处理螺旋溜槽中矿（采用螺旋溜槽脱除矿泥，螺旋溜槽精矿进入摇床，摇床精矿回收金，螺旋溜槽中矿回收长石），工艺流程如图 6-11 所示。弱磁选采用筒式磁选机，磁场强度为 0.2T。强磁选采用钢板网介质，磁场强度为 1.8T。Ⅰ、Ⅱ次浮选主要去除弱磁性铁矿物，采用 $Na_2CO_3$ 作调整剂、羟肟酸与妥尔油作混合捕收剂、2 号油为起泡剂。Ⅲ次浮选主要去除硫化矿物，采用 CaO 作调整剂、$CuSO_4$ 作活化剂、丁黄药作捕收剂、2 号油为起泡剂。试验得到含铁 0.37%、硫 0.024%、产率为 42.45% 的长石粉，可作为建筑陶瓷原料，试验结果见表 6-11。

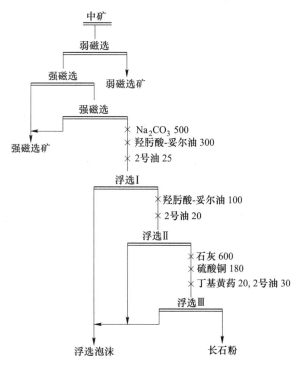

图 6-11 弱磁—强磁—反浮选联合工艺流程

表 6-11　长石粉成分分析结果　　　　　　　　　（%）

| 产品 | 产率 | Na₂O | K₂O | SiO₂ | Al₂O₃ | CaO | MgO | TFe | S |
|---|---|---|---|---|---|---|---|---|---|
| 长石粉 | 42.45 | 5.47 | 1.06 | 3.67 | 1.35 | 2.22 | 2.15 | 0.025 | 8.9 |

c　云母的回收

云母是含钾、铝、镁、铁、锂等元素的片状铝硅酸盐的总称，它属于片状结构硅酸盐，也是黄金矿山尾矿的主要成分之一。云母的天然可浮性较好，黄金矿山尾矿中云母的回收主要采用浮选法。

（1）浮选回收。新城金矿的选矿尾矿中绢云母的质量分数约 25%，采用硫酸为调整剂（pH = 3.0）、水玻璃为抑制剂、十八胺和煤油为捕收剂，采用一次粗选、一次扫选、二次精选的工艺流程，可分别获得一级、二级、三级绢云母产品，绢云母总回收率为 65.8%。

（2）重选分级—浮选综合回收。乳山市大业金矿对选金尾矿进行了回收绢云母试验，该矿绢云母质量分数高达 23.3%。采用研磨、浮选脱硫、重选分级、高效深锥浓密、闪蒸干燥并经气流研磨和负压分级等工艺技术，从选金尾矿中分别得到一级、二级、三级的绢云母新材料，平均粒径达到 3.59μm。

## 6.2.2　粉煤灰

### 6.2.2.1　提取 Al₂O₃

粉煤灰中一般含 Al₂O₃ 17%～35%，目前提取铝的方法有石灰石烧结法、热酸淋洗法、氯化法、直接熔解法等。其中石灰石烧结法提取氧化铝的工艺流程主要包括烧结、熟料自粉化、溶出、碳分和煅烧五个工序。

粉煤灰加石灰石经粉磨后在 1320～1400℃ 温度下进行烧结，使粉煤灰中的 $Al_2O_3$ 和 $SiO_2$ 分别与石灰石中 CaO 生成易溶于碳酸钠溶液的 $5CaO \cdot 3Al_2O_3$ 和不溶性的 $2CaO \cdot SiO_2$，当熟料冷却时，约在 650℃ 的温度下，$2CaO \cdot SiO_2$ 由 β 相转变为 γ 相，因体积膨胀发生熟料的自粉化现象，熟料自粉化后到几乎全部能通过 200 目筛孔。粉化后的熟料加碳酸钠溶液溶出，其中的铝酸钙与碱反应生成铝酸钠进入溶液，而生成的碳酸钙和硅酸二钙留在渣中，便达到铝和硅、钙的分离。其反应式为：

$$5CaO \cdot 3Al_2O_3 + 5Na_2CO_3 + 2H_2O \Longrightarrow 5CaCO_3\downarrow + NaAlO_2 + 4NaOH \quad (6-1)$$

然后向除去溶出粗液中的 $SiO_2$ 的 $NaAlO_2$ 精液中通入烧结产生的 $CO_2$，与铝酸钠反应生成氢氧化铝，氢氧化铝经煅烧转变成氧化铝。

### 6.2.2.2　提取玻璃微珠

粉煤灰中"微珠"，按理化特征分为漂珠、沉珠和磁珠。粉煤灰中含有 50%～80% 的玻璃微珠，其细度为 0.3～200μm，其中小于 5μm 的占粉煤灰总量的 20%，容重一般只有粉煤灰的 1/3。

提取微珠的方法，大致可分为干法机械分选和湿法机械分选两大类。图 6-12 所示为干法机械分选流程。

湿法机械分选微珠方面，国内多用浮选、磁选、重选等多种选法的组合流程。

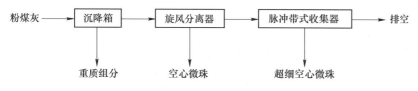

图 6-12 空心微珠的干法机械分选流程

漂珠的密度为 $0.40 \sim 0.75 g/cm^3$，小于水的密度，因而可利用漂珠与其他颗粒间密度的差异，以水为介质，采用浮选法将漂珠与其他颗粒分离。采用此法可得到纯度 95% 左右的漂珠。

粉煤灰中的磁珠是锅炉高温燃烧过程中，煤中含铁矿物在碳及一氧化碳的还原作用下，部分形成铁粒，部分被还原成 $Fe_3O_4$ 而产生的，因而可根据磁珠与其他颗粒的磁性差别，采用磁选法进行分选。分选后可得到品位为 60% 左右的磁珠。

当粉煤灰中选出漂珠、磁珠和炭粒后，只剩下沉珠和少量单体石英等，它们在密度、形状、粒度及表面性质上均存在较大差异，因而可采用重选、浮选或分级法加以富集分离，得到不同等级的沉珠产品。

### 6.2.2.3 提取炭

电厂锅炉在燃用无烟煤和劣质烟煤时，由于煤粉不完全燃烧，造成粉煤灰中含炭量增高，一般波动于 8%~20%。为了降低粉煤灰中的含炭量和充分利用煤炭资源，常对粉煤灰进行提炭处理。提炭一般采用浮选法和电选法。

浮选提炭适用于湿法排放的粉煤灰，此方法利用粉煤灰和煤粒表面亲水性能的差异而将其分离。在灰浆中加入捕收剂（采用柴油等烃类油）、起泡剂（如杂醇油、松尾油等），疏水的煤粒被其浸润而吸附在由于搅拌所产生的空气泡上，上升至液面形成矿化泡沫层即为精煤，而亲水的粉煤灰颗粒则被作为尾渣排除。

电选提炭适用于干法排放的粉煤灰，电选时要求水分小于 1%，温度保持在 80℃ 以上。此方法基于炭与灰的导电性能不同而在高压电场下将炭、灰分离。在圆形电晕电场中，当粉煤灰获得电荷后，炭粒因导电性能良好，很快将所获电荷通过圆筒带走，在重力惯性离心力作用下，脱离圆筒表面，被抛入导体产品槽中，而非导体的粉煤灰所获电荷在表面释放速度较慢，故在电场力作用下，吸附在圆筒表面上，被旋转圆筒带到后部，由卸料毛刷排入非导体产品槽中，从而达到灰炭分离。

## 6.3 冶金工艺资源回用

### 6.3.1 烧结除尘灰

#### 6.3.1.1 参与烧结配料

烧结除尘灰与部分返矿、红泥（转炉灰加水形成悬浊液的俗称）在地坑中混匀，用抓斗捞出并运至混匀料场参加混匀配料。此方案的优点在于料批稳定、粉尘的润湿充分、在处理过程中利用了红泥中的水分，灰粒黏附于返矿颗粒表面，防止了"假球"的出现。另外，还消除了混料机内配加红泥所造成的不稳定因素。其缺点在于处理过程长、汽车运输量大、加工成本增加等。

### 6.3.1.2 制备球团

烧结除尘灰粒度极细，直接造球十分困难，配加添加剂后，使除尘灰适于造球的水分范围变宽，并且随着小球的形成和长大及添加剂的快速凝结，具有一定强度的小球就形成了。

工艺流程为：除尘灰经电子称量后，按比例配加添加剂，经皮带运往小混合机进行混匀加水，然后进入造球盘制粒，除尘灰经制粒后由皮带运输返回配料室，如图6-13所示。

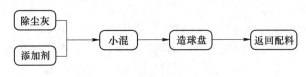

图 6-13　除尘灰制球团工艺流程

### 6.3.2　钢渣

#### 6.3.2.1　回收钢铁及其他金属

钢渣中一般含有7%～10%的废钢粒和大块渣钢，应加以回收利用。一般钢渣破碎的粒度越细，回收的金属铁越多。经破碎、遴选和精加工后可回收其中90%以上的废钢，不但提高钢铁冶金的利用率和收得率，同时也为钢渣综合利用提供先决条件。从钢渣回收废钢的原则流程为：钢渣→颚式破碎→磁选→废钢。

有些钢渣中含有铌、钒等稀有金属，可用化学浸取法提取这些有价成分，以充分利用资源。

#### 6.3.2.2　用作冶炼熔剂

钢渣用作冶炼熔剂，包括代替石灰石作烧结矿熔剂，作炼铁、炼钢熔剂和化铁炉熔剂。钢渣作烧结矿熔剂，主要是利用钢渣的 $CaO$、$MgO$、$MnO$、$Fe$ 等有益成分，使用钢渣作烧结料代替部分石灰石，可提高烧结矿的强度，改善烧结矿的质量，有利于提高烧结矿产量，降低燃料消耗，降低烧结矿的生产成本。钢渣作冶炼熔剂时，将热泼法处理得到的钢渣破碎到 8~30mm，直接返回高炉用以代替石灰石，可以回收钢渣中的 $Ca$、$Mg$、$Mn$ 的氧化物和稀有元素等成分，并能大量节约石灰石、萤石等的用量，降低焦比，改善炉况，增加生铁产量，提高利用系数，降低成本。

### 6.3.3　铁合金渣

铁合金渣可以用作冶炼合金的原料或炼钢炼铁的原料，其主要目的是通过冶炼的途径回收利用渣中的合金元素，使最终排出的合金渣中合金元素含量大幅下降。此外，还有助于改善冶炼过程，降低冶炼成本等。一些铁合金生产较发达的国家，如日本和俄罗斯等，在这方面进行了大量的研究和实践，取得了可观的经济效益。用作冶炼合金原料或炼铁炼钢原料的铁合金渣主要有高碳锰铁渣、中低碳锰铁渣、硅锰渣、硅铁渣等。

#### 6.3.3.1 用作冶炼铁合金的原料

**A 高碳锰铁渣**

日本电工公司德岛厂采用一种利用喷吹气体和粉剂工艺生产特种硅锰合金的方法。此方法将硅铁或金属硅作还原剂添加到铁水包中的锰铁熔渣中（含 Mn 20%~30%），通过喷枪喷入烧结石灰粉调节渣的碱度，并由浸埋渣中的喷枪吹入氮气或其他惰性气体搅拌熔渣，经硅热反应之后，渣中 Mn 便以 SiMn 形式得到了有效回收，只要硅铁或金属硅的品位与操作条件适当，生产出的 SiMn 合金可以达到 P≤0.02%、C≤0.1% 的特殊标准。工艺过程不需额外供热，添加的硅质还原剂 95% 左右用于还原渣中的 MnO 或进入合金中，Mn 的回收率为 84%，终渣 Mn 含量最低可达到 2.8%。

利用高碳锰铁渣冶炼硅锰合金的另一种方法是将锰铁渣用于生产烧结锰矿，再进行冶炼。苏联尼柯波尔铁合金厂将含 Mn 14%~16% 的锰铁渣经破碎、磨粉之后配入烧结料中生产烧结锰矿，配入量为 25~30kg/t，然后用于冶炼硅锰合金。捷斯塔弗尼铁合金厂的锰铁渣几乎全部用于本厂冶炼硅锰合金，炼得的合金含 P 0.24%，Mn 回收率 84%。

**B 中低碳锰铁渣**

中低碳锰铁渣中含 Mn 25%~40%，一般可用作含 Mn 原料冶炼 SiMn 合金或复合合金等。苏联捷斯塔弗尼铁合金厂用回收的锰尘和焦粉制成的球团与中碳锰铁渣一起代替炉料中的锰烧结矿冶炼硅锰合金，冶炼炉料配比为：50kg 锰烧结矿、25kg 中碳锰渣、40kg 球团、15kg 硅石和 13kg 焦炭。其中球团由 70% 锰尘和 30% 焦粉组成。冶炼结果表明，用中碳锰铁渣和锰尘球团代替锰烧结矿，可以成功地炼制硅锰合金，Mn 和 Si 的利用率比普通工艺分别提高 0.9% 和 2.7%，电耗下降 60kW·h/t。

中碳锰渣也可用来生产低磷锰铁和中低碳锰铁。苏联捷斯塔弗尼铁合金厂利用中低碳锰铁渣生产低磷锰铁合金，在 1000kV·A 电炉中进行冶炼，配料比为 100kg 中低碳锰铁渣、20kg 石灰、4kg 铁屑、18kg 焦粉，生产的锰铁合金成分为：78.5% Mn、5.85% Si、5.17% C、0.06% P，P<0.05% 的锰铁占 65%，冶炼电耗为 5500kW·h/t。日本中央电气工业公司则利用中低碳锰铁渣冶炼锰铁合金，具体方法是将电炉冶炼中低碳锰铁产生的中低碳锰铁渣放到冶炼硅锰合金电炉出炉的铁水包中，渣量为 5t，将出炉的大约 4.3t 硅锰热金属和 100kg 石灰倒入包中与中低碳锰铁渣混合之后静置 30min 扒渣，渣中的 Mn 降至 12% 以下，留在包中的 5t 中间合金（含 Mn 25.2%、Si 9.1%）返回中低碳锰铁电炉冶炼中低碳锰铁合金。该方法降低了生产成本，冶炼效果好。我国上海铁合金厂也采用了类似上述的方法。

**C 硅锰渣**

硅锰渣中含 Mn 量高，含 P 量较低，一般渣中 P 的单位含量（P%/Mn%）为 0.007，而高牌号锰精矿中 P 的单位含量为 0.038~0.045，比硅锰渣高 4~5 倍；而贫锰矿中 P 的单位含量甚至比硅锰渣高 10 倍。因此，硅锰渣实际上是一种良好的低磷锰原料。苏联早已将硅锰渣用于冶炼 SiMn 合金，方法是将硅锰渣破碎至 2.0mm 以下，加入煤粉作还原剂，以纸浆废液作黏结剂，用压块机压块，制得的湿压块耐冲压强度为 6.5MPa，干压块强度为 12.0MPa，将压块作为冶炼硅锰合金的主要原料，在 1600kV·A 电炉中冶炼，炼得的硅锰合金含 Si 17.4%~18.0%、P 0.3%~0.35%，Mn 总回收率提高 4%~6%。

除上述锰系合金渣作冶炼合金的原料外，硅铁渣可用于冶炼硅锰合金，氧气转炉吹炼的中低碳铬铁产生的铬铁渣可用于熔炼铬铁合金。

### 6.3.3.2　用作炼钢炼铁的原料

#### A　锰铁渣

锰铁渣含有较高的 Mn 和 CaO，少量 MgO，配入高炉炉料中冶炼生铁，可减少炼铁过程锰矿和熔剂的消耗量，降低冶炼成本。苏联新里别茨克冶炼厂利用锰铁渣代替含 Mn 27.6% 的贫锰矿，所用锰铁渣的化学成分为 15.97% Mn、2.06% Fe、34.08% CaO、33.06% $SiO_2$，每吨烧结矿配入该锰矿渣 45.5kg，结果每吨烧结矿降低锰矿消耗量 32.7kg，减少熔剂消耗量 12.1kg，烧结矿中 0~5mm 粉末量由 14.7% 减少到 13.8%，烧结机生产率提高 3.5%，利用该烧结矿冶炼生铁，烧结矿和锰矿的单耗分别下降 24kg/t 和 13kg/t 生铁，高炉渣量减少 12kg/t 生铁。

#### B　硅锰渣

硅锰渣用作炼铁和炼钢的含 Mn 原料，可以节省大量的锰矿和锰铁。苏联一些冶炼厂将硅锰渣应用于炼铁炼钢，取得了明显的经济效益。例如，苏联第聂伯特炼钢厂和红十月冶炼厂利用硅锰渣炼轴承钢和结构钢，所用硅锰渣成分为 13%~16% MnO、FeO <1.0%、10%~15% CaO、4%~6% MgO、5%~10% $Al_2O_3$、48%~52% $SiO_2$、$P_2O_5$<0.1%、0.8%~1.5% S，渣中含有 5%~10% 的 SiMn 合金粒。精炼包中配加硅锰渣后，由于 MnO 的活度系数增大，从而促进了 Mn 的有效还原，精炼效果好。冶炼结果表明，利用硅锰渣炼轴承钢时，钢中含 Mn 量平均增高 0.11%，炼结构钢时平均提高 0.15%，脱 P 和 S 的效果以及钢的质量均与普通炼钢工艺相同。精炼渣中带入 $TiO_2$ 的数量减少 80%，使轴承钢含 Ti 量由 0.006% 降至 0.0035%，每吨钢减少锰铁消耗量 1kg，并且由于减少了氮化合物含量，使钢的质量得到了改善。苏联扎波罗什钢厂利用硅锰渣（含合金 7%）代替锰矿进行高炉炼铁，炼铁产品质量达标，且每吨生铁的生产成本下降。实践证明，硅锰渣是冶金工业中一种可替代锰矿的良好原料。

#### C　硅铁渣

硅铁渣在炼钢炼铁方面也得到了应用。例如，苏联西伯利亚钢铁公司在高炉炉料中配加硅铁渣炼铁，工业试验结果表明，配加硅铁渣时，生铁质量得到改善，含 Si 0.5%~0.8% 的生铁合格率提高了 3.6%；含 S 小于 0.025% 生铁的合格率提高了 9.6%，焦炭的耗量比一般工艺下降 3kg/t 铁。苏联车里雅宾斯克电冶金联合企业将硅铁渣用于炼钢，硅的利用率比用铁合金时高 2~4 倍，每吨渣可替代 0.53t 硅铁（45%），且生铁消耗量明显减少，改善了炼钢技术经济指标。

### 6.3.4　电炉粉尘循环富集用作炼锌原料

将含锌较低的粉尘喷入电炉进行循环富集是一种低成本的粉尘处理方法。德国 VELCO 公司和丹麦 DDS 公司在 110t 电炉炼钢时将电炉粉尘和炭粉喷入电炉内，其中炭粉作为还原剂。含锌粉尘喷入渣钢之间，锌被碳还原成金属锌，并立即气化。锌蒸气与氧反应形成锌的氧化物，作为粉尘的一部分进入烟气。除了少量的挥发物外，粉尘的其余部分溶解于渣中。在电炉粉尘中 97% 以上的锌进入二次粉尘富集，粉尘可作为炼锌原料，不足

2%的锌进入渣相，另外不足1%的锌进入钢水。实践证明与不喷电炉粉尘的情况相比，钢水的锌含量高约0.002%，对所产钢种质量没有负作用。

### 6.3.5　硫酸渣制备球团

硫酸渣生产氧化球团矿与普通铁精矿生产氧化球团矿存在较大差异，当硫酸渣中铁含量达到60%左右，在适当原料配入前提下，经细磨或润磨可获得满足冶炼要求的氧化球团。

#### 6.3.5.1　造球原料

硫酸渣球团生产的主要原料是硫酸渣精矿、钢渣超细粉以及膨润土，其原料物化指标见表6-12。原料中的硫酸渣精矿是对硫酸渣原渣进行分选提纯后获得的产品；超细钢渣是冶金企业处理钢渣过程中的副产品，钢渣经JFM飓风自磨机磨矿后，得到细度为-650目达100%的超细微粉，可作为提高水泥标号的添加剂；黏结剂是经改性后的钠基膨润土。后两者的使用比例分别为5.0%和2.5%。

表 6-12　原料的物化指标　　　　　　　　　　　　　　（%）

| 原料名称 | TFe | FeO | SiO$_2$ | Al$_2$O$_3$ | CaO | MgO | S | P | 烧损 | 粒度 |
|---|---|---|---|---|---|---|---|---|---|---|
| 硫酸渣精矿 | 64.27 | 2.59 | 15.67 | 2.91 | 3.61 | 1.90 | 0.21 | 0.048 | 0.59 | （-200目）85% |
| 超细钢渣 | 63.18 | 26.17 | 5.28 | 0.80 | 3.10 | 2.17 | 0.19 | 0.02 | — | （-600目）100% |
| 膨润土 | — | — | 52.95 | 36.14 | 3.62 | 3.51 | 0.012 | 0.033 | 4.92 | （-200目）85% |

#### 6.3.5.2　硫酸渣球团工艺

硫酸渣在经高温焙烧后，表面活性降低，生产中须采用超细钢渣作为添加剂、改性钠基膨润土作黏结剂进行造球。在添加适量超细钢渣和膨润土后，可明显改善生球的成球性及生球、成品球的强度，同时球团的焙烧性能和冶金性能均得到改善。硫酸渣球团工艺流程如图6-14所示。

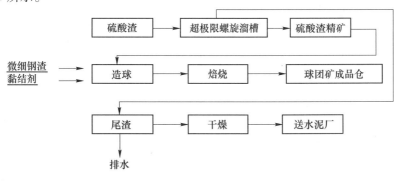

图 6-14　硫酸渣精矿球团工艺流程示意图

————— **本 章 小 结** —————

    本章介绍了冶金的基本概念、分类和相关工艺流程、方法及其在国民经济中的地位，详细论述了无机非金属二次资源在有价组分提取及整体化循环利用方面在冶金工业中的应用。

**习 题**

6-1 冶金的概念是什么，如何分类？

6-2 无机非金属资源在冶金方面的应用有哪些？并举例详细介绍。

**无机非金属资源在化学工业应用**

---

**本章提要：**

（1）了解化学工业的种类及地位。

（2）掌握粉煤灰、煤矸石等无机非金属资源在化学工业方面的应用。

---

# 7.1  化学工业概述

## 7.1.1  化学工业

化学工业是国民经济中的一个重要组成部分，它既为农业、轻工业、重工业和国防工业等提供生产资料，也为人类提供衣、食、住、行各方面必不可少的化工产品。因此，它对国民经济的发展和人民生活水平的提高起着十分重要的作用。

化学工业，又称化学加工工业，广义地说，是指生产过程中化学方法占主要地位的制造工业，即原料经化学反应转化为产品的生产过程。目前通常采用狭义的定义，将冶金、建筑材料、纸张、食糖及皮革等的生产列为独立的工业部门，或划属其他工业部门，而不包括在化学工业中。

化学工业的分类方法较多。按原料资源可分为煤炭化学工业、石油化学工业、农副产品化学工业等；按产品吨位可分为基本化学工业、精细化学工业等；按产品用途又可分为肥料、染料、医药、涂料、合成洗涤剂、食品、农药、试剂、助剂、合成纤维、塑料、橡胶等。习惯上，一般将化学工业分为无机化学工业和有机化学工业。

### 7.1.1.1  无机化学工业

（1）无机酸工业：硫酸、硝酸、盐酸、磷酸、硼酸等。

（2）氯碱工业：烧碱、氯气、漂白粉、纯碱。

（3）化肥工业：氮肥、磷肥、钾肥、复合肥料、微量元素。

（4）无机精细化工：无机盐、试剂、助剂、添加剂等。

### 7.1.1.2  有机化学工业

（1）石油炼制工业：汽油、煤油、柴油、润滑油。

（2）石油化学工业：有机原料（有机酸、酯、醚、酮、醛等）、合成塑料及树脂、合成纤维、合成橡胶。

（3）有机精细化工：染料、农药、医药、涂料、颜料、香料、试剂、表面活性剂、化学助剂、感光材料、催化剂等。

（4）食品工业：饮料、生物化学制品。

（5）油脂工业：油脂、肥皂、硬化油。

### 7.1.2　化学工业在国民经济中的重要作用

（1）化学工业特别是石油化学工业提供的产品，不仅可以代替天然物质并补充天然物质的不足，而且这些产品通常具有天然物质所不及的特性。2018 年世界合成橡胶的产量为 1523.4 万吨，占世界橡胶总产量的 52.8%，超过天然橡胶的产量；2016 年世界合成纤维的产量为 5968.6 万吨；世界合成塑料产量早已达到亿吨级量。它们都在生产、生活中起到了重要作用。

（2）化学工业促进了农业的发展。从美国农业的发展史看到，在机械化时代，一个农民生产的粮食可养活 7 个人。到了化学工业发达的时代，由于化学工业提供了大量的化肥、农药、塑料薄膜、排灌胶管和植物生长激素等产品，加上使农业增产的其他因素，一个农民便可养活 60~70 个人。更重要的是石油化学工业发展以后，生产的大量合成材料可以取代人工种植作物从而节省大面积的耕地。例如，1 万吨合成纤维相当于 200 平方公里棉田所产的棉花；1 万吨人造羊毛相当于 250 万只羊所产的羊毛，牧放这些羊群需要草地 6.7 万平方公里；1 万吨合成橡胶，相当于 166.5 平方公里橡胶园所产的天然橡胶。

我国化学工业为农业的发展做出了重要的贡献。2019 年化学肥料的产量超过 5000 万吨，居世界第一位。在我国农业增产各因素中 40% 是依靠化学肥料的作用。2019 年我国生产农药 225.4 万吨，农药防治面积超过 150 万平方公里，基本上满足了我国农作物防治病虫害的需要。此外，化学工业还为农业提供了大量的农用塑料薄膜、排管胶管和其他支农产品，在农业生产中起到了重要作用。

（3）化学工业的发展促进了科学技术的进步。由于化学工业是技术密集型的工业，对合成、分离、测定、控制等技术要求都很高，这就对机械工业、冶金工业、电子工业等部门提出了相应的、更高的要求，从而促进了这些工业部门技术的发展。而这些工业部门技术的发展，又推动着化学工业向新的领域开拓，并且只有在化学工业提供大量廉价并具有特殊性能的原材料之后，电子工业、建筑业、汽车工业以及宇宙航行、国防军工等部门的科学技术现代化方能迅速地发展起来。新的技术革命又推动着化学工业向生物工程、微电子技术、新型化工材料、光导纤维等更新的领域发展。这种相辅相成、相互促进的辩证关系，推动着科学技术水平迅速地向前发展。

目前，我国化学工业为电子工业提供的化学品有光刻胶、超高纯试剂、特种气体、塑料封装材料以及显像管工业用的碳酸锶、硅烷、高分子二凝聚剂等十几类产品；为国防工业提供的有稳定的同位素、推进剂、密封材料、特种涂料、高性能复合材料等许多化工新材料；为建筑行业提供了大量的轻质建筑材料，如塑料门窗，聚氯乙烯上、下水管，塑料扶梯，地板，地毯，壁纸以及塑料制品的卫生间等。

（4）化学工业为国民经济其他部门提供了广泛服务。例如，化学工业除了给冶金工业提供传统的化工产品酸、碱外，而且越来越多地提供钢材轧制用的表面活性剂等精细化学品，以及上百种化学试剂和各种橡胶制品，这对于冶金工业提高产品质量、增加新品种起到了一定作用。

机械工业焊接要用电石；模型的浇铸要用润滑剂；零件的修复要用黏结剂；热处理后的酸洗、镀铬、镀镍等也要用到化工产品。机械工业中的汽车工业是使用化工产品较多的行业，从普通轿车使用材料的比例来看，合成纤维、合成树脂、涂料、橡胶、石棉、玻璃等化工材料已从不到 10% 提高到接近 20%。近几年来全塑汽车的问世，更为化工材料在汽车行业中的使用开辟了新的途径。

化学工业中橡胶制品与交通部门关系甚为密切。例如，一艘万吨巨轮就需橡胶 10t；一辆解放牌 4t 载重汽车需要橡胶制品 89 种、178 件、总重 378kg。总之，海、陆、空各种交通工具均需要大量的轮胎、板材、管类、带类密封件、减震装置等橡胶制品。

（5）化学工业使人民生活更加丰富多彩。从五光十色的塑料制品到色泽鲜艳的化纤服装，从琳琅满目的家用电器到绚丽多彩的室内装饰材料，从新型轻质的建筑材料到美观耐久的建筑涂料，从食品、饲料添加剂到水果、蔬菜保鲜剂，都是化学工业提供原料制成的商品，或者是直接投放市场的最终产品。化学工业已渗透到人们衣、食、住、行的各个领域。

（6）化学工业经济效益显著。世界上各个国家都竞相发展化学工业，因为它可获得高额利润。日本在第二次世界大战后，大力发展石油化工，仅从 1960 年到 1970 年十年时间，乙烯产量已由 7 万多吨发展到 300 万吨，对振兴日本经济起了重大的作用。

我国的化学工业解放以来发展甚为迅速，据统计，2019 年，石油和化工行业营业收入 12.27 万亿元，占全国规模工业营业收入的 11.6%。

（7）化学工业既是消耗能源的部门，又是为社会节约能源的部门。化学工业以石油、天然气、煤炭为原料，从这一点来讲，它是消耗能源的部门。但是它所生产的产品，与相同用途的其他产品相比，单位能耗要低得多。以塑料和金属的能耗相比较，如以聚苯乙烯能耗为 100，则钢为 145，铜为 258，铝为 793；与塑料和非金属的能耗相比较，如以制造化肥包装袋的聚氯乙烯纤维能耗为 100，则牛皮纸为 150；再以制造排水管为例，聚氯乙烯管能耗为 100，则陶瓷为 140，铸铁管为 317。因此，在可能的场合以塑料代替有色金属、黑色金属和非金属材料，可以大大节约能源。

# 7.2 无机化工用无机非金属资源

## 7.2.1 含钛高炉渣

### 7.2.1.1 提取 $TiO_2$

含钛高炉渣化学性质稳定，其中的钛元素以难溶性物质的形式存在，弥散分布，很难对其进行分离，综合利用难度很大。

对含钛高炉渣进行处理，使其中的钛元素转化为水溶性物质。经过水溶液的溶解、浸出，从而实现有价元素钛从渣中得到分离。含钛高炉渣可以采用硫酸铵法提取钛，工艺流程如图 7-1 所示。

对含钛高炉渣提取 $TiO_2$ 的基本原理如下：

首先，硫酸铵和助熔剂硫酸氢钾在高温条件下与含钛高炉渣进行反应，生成金属的硫酸盐和氨气（氨气可回收），反应过程如式（7-1）~式（7-10）所示：

$$(NH_4)_2SO_4 =\!=\!= NH_3\uparrow + NH_4HSO_4 \tag{7-1}$$

$$TiO_2 + 2NH_4HSO_4 =\!=\!= TiOSO_4 + H_2O\uparrow + (NH_4)_2SO_4 \tag{7-2}$$

$$CaO + 2NH_4HSO_4 =\!=\!= CaSO_4 + H_2O\uparrow + (NH_4)_2SO_4 \tag{7-3}$$

$$MgO + 2NH_4HSO_4 =\!=\!= MgSO_4 + H_2O\uparrow + (NH_4)_2SO_4 \tag{7-4}$$

$$Fe_2O_3 + 6NH_4HSO_4 \Longrightarrow Fe_2(SO_4)_3 + 3H_2O\uparrow + 3(NH_4)_2SO_4 \qquad (7\text{-}5)$$

$$Al_2O_3 + 6NH_4HSO_4 \Longrightarrow Al_2(SO_4)_3 + 3H_2O\uparrow + 3(NH_4)_2SO_4 \qquad (7\text{-}6)$$

$$2KHSO_4 + MgO \Longrightarrow MgSO_4 + K_2SO_4 + H_2O\uparrow \qquad (7\text{-}7)$$

$$2KHSO_4 + FeO \Longrightarrow FeSO_4 + K_2SO_4 + H_2O\uparrow \qquad (7\text{-}8)$$

$$2KHSO_4 + TiO_2 \Longrightarrow TiOSO_4 + K_2SO_4 + H_2O\uparrow \qquad (7\text{-}9)$$

$$2KHSO_4 + CaO \Longrightarrow CaSO_4 + K_2SO_4 + H_2O\uparrow \qquad (7\text{-}10)$$

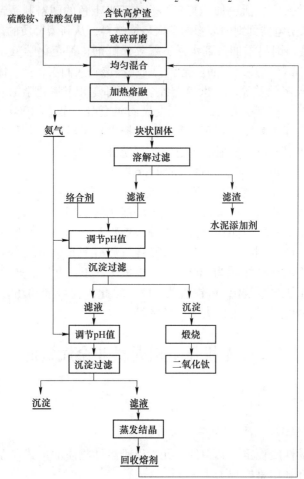

图 7-1  含钛高炉渣提取 $TiO_2$ 的工艺流程图

含钛高炉渣与硫酸铵反应后，所得反应产物经过蒸馏水浸出并过滤后，使高炉渣中的 $TiO_2$ 转移到滤液中。钛在溶液中不以简单的 $Ti^{4+}$ 存在，而是以 $TiOSO_4$ 形式存在，将稀氨水缓慢匀速地加入第一阶段所得滤液中，调节 pH 值使滤液中 $TiOSO_4$ 与氨水反应生成偏钛酸沉淀 $TiO(OH)_2$，经高温煅烧后得到 $TiO_2$ 产物，如式（7-11）、式（7-12）所示：

$$TiOSO_4 + 2NH_4OH \Longrightarrow TiO(OH)_2 + (NH_4)_2SO_4 \qquad (7\text{-}11)$$

$$TiO(OH)_2 \xrightarrow{\text{煅烧}} TiO_2 + H_2O \qquad (7\text{-}12)$$

### 7.2.1.2 分离提取 Al、Ti、Mg 和 Sc

用硫酸法提取高炉渣中的 Al、Ti、Mg 和 Sc，酸解率分别可达到：$Al_2O_3$ 80%～90%；

$TiO_2$ 80%～85%；MgO 80%～90%；Sc 90%。向酸解液加入硫酸铵，在不高于5℃温度下冷冻生成结晶硫酸铝铵除去铝并制取氧化铝，其纯度为 $Al_2O_3>98\%$。脱铝后的酸解液经过常压热水解，可制取品位大于98%的金红石型 $TiO_2$，$TiO_2$ 的直接回收率为65.8%。除钛后液体经 $P_5O_7$ 五轮萃取、草酸沉淀，可制取品位为98%的 $Sc_2O_3$，直接回收率为63.8%。萃取液可回收制备 MgO，酸解残渣可用于代替石膏配制水泥。但此方法消耗大量的硫酸（约6t 浓硫酸/$tTiO_2$），造成大量酸浸液和酸浸残渣二次污染（约15t 高浓度废酸/$tTiO_2$），而且酸浸残渣难以利用。

## 7.2.2 高炉瓦斯泥（灰）

### 7.2.2.1 高炉瓦斯泥制备活性 ZnO

使用含锌的铁精矿进行高炉炼铁，其冶炼过程产生的高炉瓦斯泥含水量34%、Fe 20%～30%、C 25%～30%、ZnO 10%～25%，这种含锌高的瓦斯泥是很好的不含硫的锌资源，可以采用湿法工艺回收其中的 ZnO。

该方法的原理是将含 ZnO 的原料用 $NH_3$-$NH_4HCO_3$ 溶液浸取使锌形成锌氨络离子溶解于浸出液中，溶液经净化除杂后，脱氨得碱式碳酸锌沉淀，经洗涤、干燥、灼烧后得 ZnO，其工艺流程如图7-2所示。

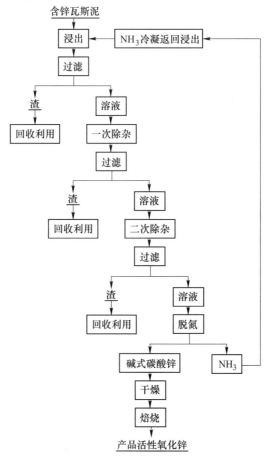

图7-2 含 Zn 瓦斯泥制备活性氧化锌工艺流程

主要反应式：

浸出：　　$ZnO + 3NH_3 + NH_4HCO_3 \xlongequal{\quad} Zn(NH_3)_4CO_3 + H_2O$　　　　(7-13)

除杂：　　$2Fe^{2+} + H_2O_2 + 4OH^- \xlongequal{\quad} 2Fe(OH)_3\downarrow$　　　　(7-14)

　　　　　$M^{2+} + Zn \xlongequal{\quad} M\downarrow + Zn^{2+}(M = Cu^{2+},\ Pb^{2+},\ Cd^{2+} 等)$　　　　(7-15)

脱氨：　　$3Zn(NH_3)_4CO_3 + 2H_2O \xlongequal{\quad} ZnCO_3\cdot 2Zn(OH)_2\downarrow + 12HN_3\uparrow + 2CO_2$

　　　　　　　　　　　　　　　　　　　　　　　　　　　　　　　　(7-16)

灼烧：　　$ZnCO_3\cdot 2Zn(OH)_2 \xlongequal{\quad} 3ZnO + CO_2\uparrow$　　　　(7-17)

### 7.2.2.2　高炉瓦斯泥（灰）回收氧化锌

韦氏炉是用氧化锌矿生产氧化锌的一种设备，可用于从高炉瓦斯泥（灰）中回收氧化锌。高炉瓦斯泥（灰）与还原剂混合成型后在还原室鼓风加热还原出锌蒸气，锌蒸气被引风机抽入氧化室与空气混合生成氧化锌，氧化锌随炉气经过前烟道进入冷却室冷却，冷却后的炉气携带氧化锌通过引风机进入布袋室进行气、粉分离，得到氧化锌粉末。该法回收氧化锌的流程如图7-3所示。

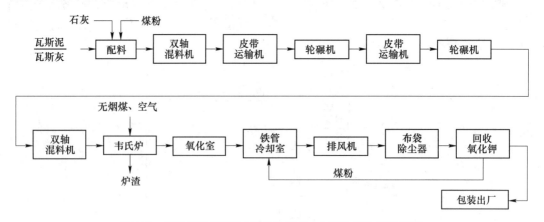

图7-3　用韦氏炉从高炉瓦斯泥（灰）中回收氧化锌的流程

### 7.2.3　铜渣

#### 7.2.3.1　铜渣生产硫酸铜

图7-4所示为铜渣生产硫酸铜及回收有价金属工艺流程，主要包括氧化焙烧、浸出、硫酸铜生产和有价金属锌、镉的回收等工序。

（1）氧化焙烧。铜渣在焙烧炉中进行氧化焙烧，焙烧温度控制在700℃左右。每隔0.5h翻动一次，焙烧3h后取出冷却，供酸浸用。通过焙烧，铜渣中的金属单质及其硫化物被氧化成金属氧化物及硫酸盐。

（2）浸出。将氧化焙烧铜渣，置于盛有体积质量为160g/L的硫酸溶液的2000mL烧杯中，边搅拌边加热，在温度90~95℃下反应3h，终点含酸约2g/L，使金属氧化物与稀硫酸反应生成可溶性的硫酸盐。过滤，滤液用于浓缩，渣先经稀酸洗涤后，再用清水洗涤弃去，洗液返回浸出。

（3）硫酸铜的生产，分粗制和提纯两步。硫酸铜、硫酸锌及硫酸镉在不同温度下的溶解度不同，见表7-1。

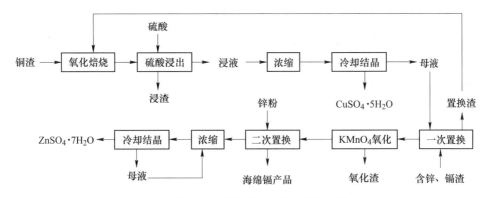

图 7-4　铜渣生产硫酸铜及回收有价金属工艺流程

**表 7-1　硫酸铜、硫酸锌、硫酸镉在不同温度下的溶解度**　　　　　　　　（g）

| 温度/℃ | 10 | 20 | 30 | 80 | 90 | 100 |
|---|---|---|---|---|---|---|
| $CuSO_4 \cdot 5H_2O$ | 17.4 | 20.7 | 25.0 | 55.0 | | 75.4 |
| $ZnSO_4 \cdot 7H_2O$ | 47.0 | 54.4 | | | | |
| $CdSO_4$ | 76.0 | 76.6 | | | 63.13 | 60.71 |

　　浸液中，$Cu^{2+}$、$Zn^{2+}$、$Cd^{2+}$ 的体积质量分别为 65.7g/L、26.8g/L、5.3g/L。当溶液中大量的硫酸铜冷却结晶析出时，硫酸锌和硫酸镉因未达到饱和而留在母液中。因此，可利用它们在不同温度下溶解度的不同，从溶液中分离得到硫酸铜。

　　由于粗硫酸铜是从含有硫酸锌、硫酸镉浓度较大的母液中冷却结晶得到的，因此，硫酸铜晶体表面吸附的母液和"晶簇"之间包藏的母液将影响硫酸铜产品的纯度。为提高产品的纯度，将粗硫酸铜晶体边搅拌边加到 90℃ 左右的清水中，制成温度 98~100℃ 下近饱和的硫酸铜溶液，然后冷却结晶、过滤即可得到纯净的硫酸铜，风干后包装即为产品，产品质量达到标准（GB 437—80）一级。母液返回浓缩，制粗硫酸铜。

　　（4）回收有价金属锌和镉。分离出粗硫酸铜结晶后得到的母液含 Cu 27.9g/L、Zn 69.8g/L、Cd 16.2g/L。将其倒入 1000mL 烧杯中，加热到 60℃，边搅拌边加入计量后的电锌车间新产的二次置换渣，用其中的锌、镉等置换出铜，搅拌反应 1h。当溶液蓝色消失后，过滤，渣送氧化焙烧，滤液倒入 1000mL 烧杯中加热到 80℃，边搅拌边加入高锰酸钾氧化除铁，终点 pH 值控制在 5.0~5.2，过滤弃去氧化渣。滤液倒入 1000mL 烧杯中，边搅拌边投入锌粉置换镉。镉除干净后，立即过滤得到海绵镉，滤液用来制取 $ZnSO_4 \cdot 7H_2O$ 产品。

　　提取海绵镉后得到的滤液中含锌 105g/L，含镉、铁、锰等杂质微量。将该滤液置于 1000mL 烧杯中，边搅拌边加热，浓缩到溶液含锌约 240g/L，然后冷却到常温，结晶析出 $ZnSO_4 \cdot 7H_2O$，再过滤分离得到 $ZnSO_4 \cdot 7H_2O$ 副产品。母液返回浓缩循环利用。

　　利用这一工艺流程，金属回收率为 Cu 85%、Zn 87%、Cd 88%。且工艺简单可行，产品质量有保证，生产成本低，具有较强的竞争力。工艺过程基本上无废水污染，各种废水可用于洗渣、回收、浸出，具有良好的社会效益。

### 7.2.3.2 铜渣用作除锈磨料

水淬铜渣主要有铁的氧化物及脉石等形成的硅酸盐与氧化物。因其莫氏硬度 5.4～5.46、密度 4.495g/cm$^3$，是生产磨料的理想原料，在国外已广泛应用在船舶制造工业的喷砂除锈工艺中。图 7-5 所示为铜渣磨料的制备工艺流程。

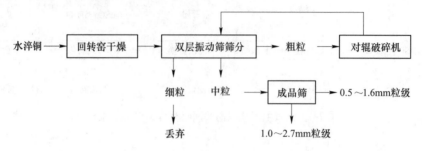

图 7-5 铜渣磨料的制备工艺流程

铜鼓风炉水淬渣，经内热式回转窑直热干燥至含 $H_2O$ 量小于 0.5%。筛分成两级，粗粒经对辊机破碎后返回筛分，细粒丢弃，两筛之间粒级再用成品筛分成 0.5～1.6mm、1.0～2.7mm 两个粒级。实践证明，铜水淬渣是一种优良的钢铁表面除锈磨料，其除锈率为 30～40m$^2$/h，耗砂量 30kg/m$^2$。

## 7.2.4 镍渣生产化工产品

### 7.2.4.1 镍钴渣生产硫酸铜、硫酸钴、硫酸镍

镍钴渣主要含有铜、钴、镍三种金属，可应用化学分离提取并生产出三种化工产品，图 7-6 所示为镍钴渣生产硫酸铜、硫酸钴、硫酸镍工艺流程。

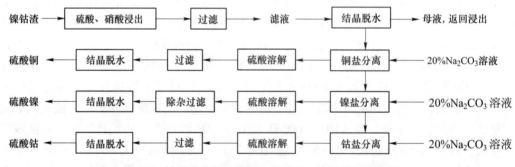

图 7-6 镍钴渣生产硫酸铜、硫酸钴、硫酸镍工艺流程

（1）酸浸。将适量的水加入反应釜中，边搅拌边加入浓硫酸和硝酸，使硫酸浓度为 25%、硝酸浓度为 10%。往反应釜中加入已粉碎的镍钴渣，并通入蒸汽加热煮沸，反应 10h。放料过滤，滤液在冷却结晶釜中结晶，形成硫酸铜、硫酸镍、硫酸钴等盐类结晶混合物。母液返回酸浸。

（2）镍、钴、铜盐的分离。将结晶混合物加入反应釜中，并加入一定量水，边搅拌边通入蒸汽加热，使硫酸铜、硫酸镍、硫酸钴等盐类物质溶解。溶解后用 20% $Na_2CO_3$ 调整溶液 pH 值至 4，再放置 1～2h 过滤除杂（Fe）。继续用 20% $Na_2CO_3$ 调整溶液的 pH 值至

5.6，出现碳酸铜沉淀，过滤、离心脱水，沉淀物备用。进一步用20% $Na_2CO_3$ 调整溶液的pH值至6.2，出现碳酸镍沉淀，过滤、离心脱水，沉淀物备用。再用20% $Na_2CO_3$ 调整溶液的pH值至7，出现碳酸钴沉淀，过滤、离心脱水，沉淀物备用。此时，已制备得到碳酸铜、碳酸镍、碳酸钴粗品。

（3）精制转化：

1）铜盐的精制转化。将碳酸铜用20%硫酸溶解，过滤除去杂质，将滤液浓缩。当溶液浓缩到36波美度时移入结晶釜冷却结晶，取出晶体洗涤后离心脱水即可得到精制的硫酸铜晶体。

2）镍盐的精制转化。将碳酸镍用20%硫酸溶解，使pH值达到2~3，通入硫化氢，过滤。滤液加热，再慢慢地加入适量双氧水，静置过滤，浓缩滤液至密度1.526g/$cm^3$（50~52波美度），移入结晶釜。用硫酸调整溶液pH值至2~3后冷却结晶，取出晶体离心脱水后用清水洗涤三次晾干即可得到精制的硫酸镍。

3）钴盐的精制转化。将碳酸钴用20%硫酸溶解，过滤后将滤液浓缩到密度1.526g/$cm^3$（50波美度），移入结晶釜冷却结晶，取出晶体用清水洗涤三次后离心脱水即可得到精制的硫酸钴。

### 7.2.4.2 镍渣制备氧化镍

氧化镍是一种灰黑色粉末，作为着色颜料广泛应用于陶瓷、玻璃、搪瓷行业。图7-7所示为某厂硫酸系统副产镍渣生产氧化镍工艺流程，主要包括浸出、净化、沉镍、焙烧等。

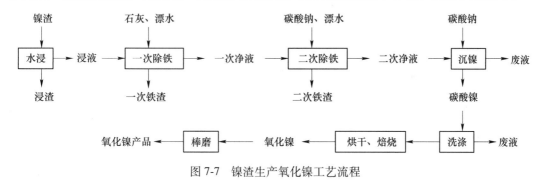

图7-7 镍渣生产氧化镍工艺流程

镍渣中含有多种化学元素，其主要的化学元素含量见表7-2。这些元素主要以硫酸盐的形式存在。工艺过程主要的除杂对象是铁。

表7-2 镍渣的主要化学组成

| 元 素 | Ni | Fe | Cu | Zn | As | MgO |
|---|---|---|---|---|---|---|
| 含量/% | 12.75 | 6.22 | 0.82 | 0.43 | 0.17 | 0.8 |

（1）浸出。镍渣中的硫酸盐通过水浸进入浸液，或适当加入硝酸浸出，因硝酸可使 $Fe^{2+}$ 氧化成 $Fe^{3+}$，以利于后续的净化操作。然后过滤，得到浸液。

（2）净化。浸液中的主要杂质是铁，其次是铜和锌，可通过控制条件一并除去。为了得到纯净的氧化镍产品，采用两次除铁操作。一次除铁采用石灰和漂水氧化中和法，其主要反应如下：

$$H_2SO_4 + CaO === CaSO_4 + H_2O \tag{7-18}$$

$$CaO + H_2O === Ca(OH)_2 \tag{7-19}$$

$$NiSO_4 + Ca(OH)_2 === CaSO_4 + Ni(OH)_2 \tag{7-20}$$

$$2Ni(OH)_2 + NaClO + 2FeSO_4 + H_2O === 2NiSO_4 + NaCl + 2Fe(OH)_3 \tag{7-21}$$

常温下搅拌净化，除铁 pH 值 2.5，漂水加入量为理论量的 1.3 倍。一次除铁的除铁率 83% 以上，镍回收率 97% 以上。一次除铁未除尽的铁和铜通过二次除铁除去。

二次除铁通蒸汽加热搅拌，补加适量漂水，使残余的 $Fe^{2+}$ 氧化成 $Fe^{3+}$，待溶液温度达到 80℃ 时再加碳酸钠调整净液 pH 值使 $Fe^{3+}$ 呈 $Fe(OH)_3$ 沉淀除去，$Cu^{2+}$ 呈碱式碳酸铜沉淀除去，主要反应有：

$$2FeSO_4 + NaClO + 5H_2O === 2Fe(OH)_3 \downarrow + NaCl + 2H_2SO_4 \tag{7-22}$$

$$H_2SO_4 + Na_2CO_3 === Na_2SO_4 + CO_2 \uparrow + H_2O \tag{7-23}$$

$$2CuSO_4 + 2Na_2CO_3 + H_2O === Cu(OH)_2 \cdot CuCO_3 + 2Na_2SO_4 + CO_2 \uparrow \tag{7-24}$$

二次除铁的除铁率 98% 以上，除铜率 99% 以上，镍回收率 93% 以上。

（3）沉镍。二次净液在搪瓷釜通蒸汽加热到 80℃，边搅拌边加碳酸钠，使溶液 pH 值控制在 7.5~8，镍生成碳酸镍沉淀。待镍沉淀完全，停止搅拌，澄清后过滤，得到碳酸镍沉淀物。碳酸镍洗涤至中性，送焙烧工序焙烧。

（4）焙烧。碳酸镍先在电热炉内脱水烘干，再加入到焙烧炉，在温度 600℃ 焙烧 4h，使碳酸镍分解成氧化镍（纯度 73% 以上）。氧化镍棒磨至 100 目以下包装出售。

### 7.2.5　锡渣

#### 7.2.5.1　锡渣直接生产锡酸钠

锡酸钠是一种白色粉末状或结晶状的化学品，主要作为生产铬黄、柠檬黄等颜料的助剂、电镀的原料、染料工业的媒染剂，也用于纺织、玻璃、陶瓷等行业。

锡酸钠的生产方法有碱解法、脱锡法和电炉法等，图 7-8 所示为锡渣直接碱解生产锡酸钠工艺流程，主要包括碱熔、净化和结晶等工序。

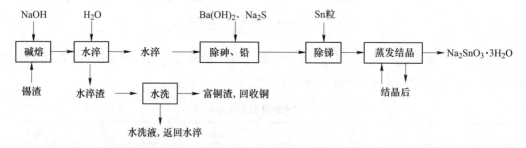

图 7-8　锡渣直接碱解生产锡酸钠工艺流程

（1）碱熔。所用锡渣含 Sn、Pb、As、Sb、Fe、Cu 分别为 50.26%、0.032%、0.006%、0.34%、4.43%、1.75%。锡渣中加 NaOH 在一定温度下反应焙烧 30min，锡的反应率达 96% 以上。其主要反应为：

$$2SnO + 4NaOH + O_2 === 2Na_2SnO_3 + 2H_2O \tag{7-25}$$

$$4AsO + 12NaOH + 3O_2 === 4Na_3AsO_4 + 6H_2O \tag{7-26}$$

$$4SbO + 12NaOH + 3O_2 \rightleftharpoons 4Na_3SbO_4 + 6H_2O \tag{7-27}$$

$$PbO + 2NaOH \rightleftharpoons Na_2PbO_2 + H_2O \tag{7-28}$$

它们的氧化顺序为 As、Sn、Sb、Pb，而 Fe、Cu 几乎不溶于碱而留在渣中。反应渣加水水淬得到含有杂质 As、Sb、Pb 的水淬液和含 Fe、Cu 的水淬渣。水淬渣经水洗分离回收铜和铁。

（2）水淬液的净化。净化顺序为脱砷、脱铅和脱锑。常温下，$Na_3AsO_4$ 与钡盐作用会产生溶解度很小的白色砷酸钡沉淀，反应式为：

$$2Na_3AsO_4 + 3Ba(OH)_2 \rightleftharpoons Ba_3(AsO_4)_2\downarrow + 6NaOH \tag{7-29}$$

硫化铅是一种溶度积很小的黑色沉淀物，可通过在脱砷后净化液中加入硫化钠与铅作用生成硫化铅沉淀的方法除铅。

脱锑是基于锡在碱性溶液中还原电位比锑、砷低得多的原理，利用锡从碱溶液中置换除去锑。

（3）净化液的蒸发结晶。将净化液加热蒸发，当溶液密度达到 1.25g/cm³ 时停止加热，自然冷却结晶，然后过滤。锡酸钠结晶物在 100℃ 左右下烘干、粉碎得到产品。结晶后液所含杂质有一定富集，影响并不大，可与净化液一同蒸发结晶。当结晶后液中碱含量大于 300g/L 时，则返烧结使部分杂质开路。

从锡渣中直接生产锡酸钠，锡的直收率大于 96%、回收率大于 98%，制取的锡酸钠产品质量完全达到商业化标准。

#### 7.2.5.2 电镀锡渣制备氯化亚锡和锡酸钠

电镀分四个步骤：预处理、镀铜、镀铜锡、镀纯锡。电镀过程产生大量的锡渣，从电镀锡渣中制取氯化亚锡，可实现原料的循环利用，又可以根据需要得到副产品锡酸钠。

**A 酸解制备氯化亚锡**

图 7-9 所示为电镀锡渣酸解制备氯化亚锡工艺流程。

图 7-9 电镀锡渣酸解制备氯化亚锡工艺流程

电镀锡渣加入适量的浓盐酸并充分搅拌，加热到温度 200~250℃ 反应约 30min。反应完成后冷却至室温，水洗、抽滤，用 HCl 淋洗。并在洗液中加入少许单质锡，并调整 pH <2，在 $CO_2$ 气流下进行蒸发浓缩（也可以抽真空），冷却得到氯化亚锡产品，反应式为：

$$Sn + 2HCl \rightleftharpoons SnCl_2 + H_2\uparrow \tag{7-30}$$

$$SnO + 2HCl \rightleftharpoons SnCl_2 + H_2O \tag{7-31}$$

加入单质锡的作用，一是防止 $Sn^{2+}$ 被氧化为 $Sn^{4+}$；二是使之与未反应的盐酸继续反应，以达到充分利用原料的目的。另外，还可以减少盐酸含量，以防过量盐酸与 $SnCl_2$ 形成配合物 $SnCl_3^-$ 降低 $SnCl_2$ 的产量。制备得到的 $SnCl_2$ 纯度达 60%~65%。

**B　碱解制备锡酸钠**

图 7-10 所示为电镀锡渣碱解制备锡酸钠工艺流程。

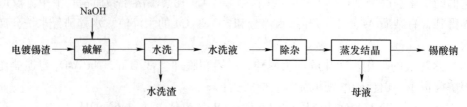

图 7-10　电镀锡渣碱解制备锡酸钠工艺流程

电镀锡渣加入适量的工业烧碱液体、硝酸钠固体以及适当的水，加热到温度 150℃ 反应搅拌 30min，锡酸钠生成反应式为：

$$2Sn + 3NaOH + NaNO_3 + 6H_2O \Longrightarrow 2Na_2SnO_3 \cdot 3H_2O + NH_3\uparrow \qquad (7\text{-}32)$$

$$4SnO + 7NaOH + NaNO_3 + 10H_2O \Longrightarrow 4Na_2SnO_3 \cdot 3H_2O + NH_3\uparrow \qquad (7\text{-}33)$$

待充分反应后，调 pH 值大于 9，加硫化钠除铁，但加入量需严格控制，若过量可能得到略带黄色的溶液，蒸发浓缩后得到的晶体也略带黄色。再加适量双氧水脱色（消除 $Fe^{2+}$ 及其他干扰）。锡酸钠对 $CO_2$ 很敏感，遇到水会剧烈反应：

$$4Na_2SnO_3 + 3CO_2 \Longrightarrow Na_2SnO_9 + 3Na_2CO_3 \qquad (7\text{-}34)$$

$$Na_2SnO_9 + 3CO_2 \Longrightarrow Na_2CO_3 + 4SnO \qquad (7\text{-}35)$$

因此，反应和测定过程中需要隔绝空气。另外，如需脱砷，可缓慢加入 $Ba(OH)_2$ 饱和溶液，使 $Na_2AsO_4$ 与钡盐作用生成溶解度很小的白色砷酸钡沉淀除去，反应式为：

$$2Na_3AsO_4 + 3Ba(OH)_2 \Longrightarrow Ba_3(AsO_4)_2\downarrow + 6NaOH \qquad (7\text{-}36)$$

除杂后净化液继续搅拌、加热浓缩，当溶液中有白色晶体析出时停止加热，自然冷却结晶，过滤除渣（包括不溶于碱的铜），得到锡酸钠晶体。在 100℃ 左右烘干、粉碎得到锡酸钠产品，其纯度可达 80%~85%。母液返回继续循环使用。

## 7.2.6　钼渣

### 7.2.6.1　钼渣苏打焙烧法生产化工产品

图 7-11 所示为钼渣苏打焙烧法生产化工产品工艺流程，它包括焙烧、水浸、净化、浓缩结晶、沉淀、酸沉等工序。

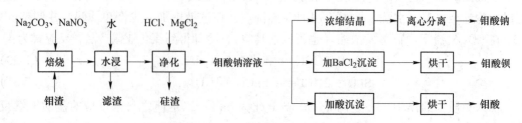

图 7-11　钼渣苏打焙烧法生产化工产品工艺流程

(1) 焙烧。钼渣烘干，配入苏打和硝石球磨，并混匀。苏打用量为钼渣中钼生成 $Na_2MoO_4$ 理论量的 $180\% \sim 200\%$，硝石用量为干渣量的 $5\%$。混匀物料加入焙烧炉内在温度 $700 \sim 750℃$ 进行焙烧，将钼渣中未氧化的 $MoS_2$ 和难溶性钼酸盐转化成可溶性的钼酸钠，待物料变成棕色移出焙烧炉。所发生的反应式为：

$$MoS_2 + Na_2CO_3 + 3/2O_2 =\!=\!= Na_2MoO_4 + 2SO_2 \uparrow + CO_2 \uparrow \tag{7-37}$$

$$PbMoO_4 + Na_2CO_3 =\!=\!= Na_2MoO_4 + PbO + CO_2 \uparrow \tag{7-38}$$

$$CaMoO_4 + Na_2CO_3 =\!=\!= Na_2MoO_4 + CaO + CO_2 \uparrow \tag{7-39}$$

$$Fe_2(MoO_4)_3 + Na_2CO_3 =\!=\!= 3Na_2MoO_4 + Fe_2O_3 + 3CO_2 \uparrow \tag{7-40}$$

(2) 水浸。用 $90℃$ 以上热水，按焙烧物：水 $= 1 : (2 \sim 3)$ 搅拌浸出，使焙烧物中钼酸钠和其他可溶性盐溶于水而进入溶液。溶液过滤，滤液进入净化，滤渣用热水洗涤。洗水返回浸出，洗渣含钼 $1\% \sim 2\%$ 可作为农肥使用。

(3) 净化。将浸出的钼酸钠溶液加热到 $70℃$ 加入盐酸调整溶液 pH 值至 $8 \sim 9$，再根据钼酸钠溶液中磷、砷含量的多少加入适量的氯化镁溶液，煮沸溶液，并保温 $30 \sim 40min$，再静置 $3 \sim 4h$，使凝聚析出白色胶状硅酸沉淀，磷、砷转化成磷酸镁、砷酸镁沉淀析出，反应式为：

$$Na_2SiO_3 + 2HCl =\!=\!= H_2SiO_3 \downarrow + 2NaCl \tag{7-41}$$

$$2Na_3PO_4 + 3MgCl_2 =\!=\!= Mg_3(PO_4)_2 \downarrow + 6NaCl \tag{7-42}$$

$$2Na_3AsO_4 + 3MgCl_2 =\!=\!= Mg_3(AsO_4)_2 \downarrow + 6NaCl \tag{7-43}$$

过滤得到硅、磷、砷渣，净化液得到的钼酸钠溶液转入生产化工产品。

(4) 浓缩结晶钼酸钠。钼酸钠溶液加热煮沸，蒸发浓缩至过饱和，停止加热。待温度降至 $60℃$ 以下，$Na_2MoO_4 \cdot 2H_2O$ 便慢慢结晶析出。过滤，得到 $Na_2MoO_4 \cdot 2H_2O$ 晶体，再经离心脱水、烘干得到 $Na_2MoO_4 \cdot 2H_2O$ 产品。滤去结晶的母液可转入沉淀钼酸钡。

(5) 沉淀钼酸钡。钼酸钠溶液用盐酸调整 pH 值至 $3 \sim 4$，加热到 $60℃$，慢慢加入氯化钡溶液，使钼酸钠转化成钼酸钡沉淀析出，反应式为：

$$Na_2MoO_4 + BaCl_2 =\!=\!= BaMoO_4 \downarrow + 2NaCl \tag{7-44}$$

过滤，得到钼酸钡沉淀物，再用热水洗涤脱水、烘干、包装得到钼酸钡产品。

(6) 酸沉钼酸。钼酸钠溶液加热至 $60 \sim 70℃$，搅拌加入盐酸或硝酸，使钼酸钠水解转化成钼酸沉淀，反应式为：

$$Na_2MoO_4 + 2HCl =\!=\!= H_2MoO_4 \downarrow + 2NaCl \tag{7-45}$$

过滤、脱水、烘干得到钼酸产品，也可脱水后直接生产钼酸铵。

### 7.2.6.2 钼渣酸分解法生产仲钼酸铵

图 7-12 所示为钼渣酸分解生产仲钼酸铵工艺流程，它主要包括酸分解、氨浸两个工序。

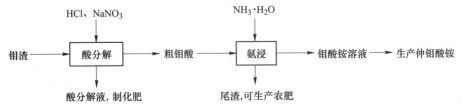

图 7-12 钼渣酸分解生产仲钼酸铵工艺流程

（1）酸分解。按钼渣∶水∶盐酸＝1∶1.2∶3 混合加热至 95℃，使钼渣中难溶钼酸盐分解，使钼呈钼酸沉淀。再用硝酸将钼渣中 $MoS_2$ 氧化分解呈钼酸沉淀。Pb、Ca、Fe 等杂质生成氯化物进入溶液，硫以硫酸的形式进入溶液。从而使钼与可溶于酸的杂质分离，反应式为：

$$MoS_2 + 9HNO_3 + 3H_2O =\!=\!= H_2MoO_4\downarrow + 9HNO_2 + 2H_2SO_4 \tag{7-46}$$

$$PbMoO_4 + 2HCl =\!=\!= H_2MoO_4\downarrow + PbCl_2 \tag{7-47}$$

$$CaMoO_4 + 2HCl =\!=\!= H_2MoO_4\downarrow + CaCl_2 \tag{7-48}$$

$$Fe_2(MoO_4)_3 + 6HCl =\!=\!= 3H_2MoO_4\downarrow + 2FeCl_3 \tag{7-49}$$

酸过量时，部分钼转化成氧氯化钼而溶解进入酸分解液，反应式为：

$$CaMoO_4 + 4HCl =\!=\!= MoO_2Cl_2 + CaCl_2 + 2H_2O \tag{7-50}$$

$$CaMoO_4 + 5HCl =\!=\!= HMoO_2Cl_3 + CaCl_2 + 2H_2O \tag{7-51}$$

$$CaMoO_4 + 6HCl =\!=\!= MoOCl_4 + CaCl_2 + 3H_2O \tag{7-52}$$

为了降低酸分解液中的钼含量，加入氨水调节溶液 pH 值 0.5~1，使溶液中的钼完全以钼酸形式沉淀析出，反应式为：

$$MoO_2Cl_2 + 2NH_3 \cdot H_2O =\!=\!= H_2MoO_4\downarrow + 2NH_4Cl \tag{7-53}$$

$$HMoO_2Cl_3 + 3NH_3 \cdot H_2O =\!=\!= H_2MoO_4\downarrow + 3NH_4Cl + H_2O \tag{7-54}$$

$$MoOCl_4 + 4NH_3 \cdot H_2O =\!=\!= H_2MoO_4\downarrow + 4NH_4Cl + H_2O \tag{7-55}$$

过滤，得到粗钼酸滤饼转入后续氨浸。滤液转废水处理制备化肥。

（2）氨浸。按湿钼酸∶水∶氨水＝1∶2.5∶0.8 混合，加热到 70~80℃，并保持 pH 值 8.5~9，使滤饼中的钼酸得到氨浸生成钼酸铵进入溶液，而与不能氨浸的固体杂质分离，反应式为：

$$H_2MoO_4 + 3NH_3 \cdot H_2O =\!=\!= (NH_4)_2MoO_4 + 2H_2O \tag{7-56}$$

### 7.2.7　硫酸渣

#### 7.2.7.1　硫酸渣生产磁性材料

用于制造磁性材料锶铁氧体预烧料的硫酸渣原渣化学元素分析结果列于表 7-3。

表 7-3　硫酸渣原渣化学元素分析结果　　　　　　　（%）

| TFe | FeO | SiO$_2$ | Al$_2$O$_3$ | MgO | Mn | CaO | Zn | Pb | P |
|-----|-----|------|-------|-----|-----|-----|-----|-----|-----|
| 63.8 | 1.80 | 3.61 | 0.21 | 1.02 | 0.10 | 1.21 | 0.02 | 0.02 | 0.12 |

硫酸渣原渣提纯的主要工艺流程：硫酸渣→筛分→细磨→超细反浮选除杂→细磨→压滤→干燥、焙烧→高品位铁红。所得高品位铁红化学元素分析结果列于表 7-4。

表 7-4　高品位铁红化学元素分析结果　　　　　　　（%）

| TFe | FeO | SiO$_2$ | Al$_2$O$_3$ | MgO | Mn | CaO | Zn | Pb | P |
|-----|-----|------|-------|-----|-----|-----|-----|-----|-----|
| 69.01 | 1.02 | 0.48 | 0.10 | 0.38 | 0.07 | 0.21 | 0.007 | 0.008 | 0.058 |

永磁铁氧体预烧料是铁红（氧化铁）和碳酸锶（或碳酸钡）等原料在制备永磁铁氧体过程中的中间体或半成品。预烧主要达到以下三个目的：使碳酸盐分解和氧化物反应形成铁氧体；提高粉体密度和减少最终烧结时的收缩率；使粉体在细磨后可压制和成型。六角锶铁氧体的形成过程可分两个反应阶段：

第一反应阶段：

$$SrCO_3 + 1/2Fe_2O_3 + (0.5 - x)1/2O_2 \rightleftharpoons SrFeO_{3-x} + CO_2 \tag{7-57}$$

第二反应阶段：

$$SrFeO_{3-x} + 5.5Fe_2O_3 \rightleftharpoons SrO \cdot 6Fe_2O_3 + (0.5 - x)1/2O_2 \tag{7-58}$$

第一反应阶段是强吸热过程，第二反应阶段则是弱吸热过程。

其固相反应可用 Jandy 公式描述：

$$P = \left(1 - \sqrt[3]{\frac{100 - x}{100}}\right)^2 = \frac{2K_0 e^{E/kT} \cdot t}{R^2} \tag{7-59}$$

式中，$P$ 为参加固相反应反应物的体积分数，%；$x$ 为反应生成物的体积分数，%；$K_0$ 表示热力学温度为零时固相反应速率常数；$k$ 为玻耳兹曼常数；$E$ 为离子扩散激活能，J；$T$ 为烧结温度，K；$t$ 为保温时间，min；$R$ 为颗粒半径，mm。

上述公式示出，要使固相反应完全（$P = 1$），有三个主要因素：一是参加反应的物质颗粒半径 $R$ 小，各反应物之间的接触面增大，离子扩散激活能小；二是烧结温度 $T$ 高；三是延长保温时间。

锶铁氧体形成过程受离子（$O^{2-}$、$Sr^{2+}$、$Fe^{3+}$）的扩散速度、氧的扩散控制、相界面发生的界面反应所控制。在预烧的过程中，主要原料氧化铁和碳酸锶形成锶铁氧体的化学反应在固相中进行，此反应不是在熔融状态下进行，而是低于熔点温度下，因热扰动，使表面能和贮存在晶格的弹性位能减少，使原子和离子通过晶体缺陷，如空位或晶格边界相互扩散及迁移，促进固相反应的进行，产生新的复合氧化物 $SrO \cdot nFe_2O_3$。

将高品位铁红和碳酸锶按一定比例，加入其他添加剂，在砂磨机细磨强混，然后放入烘箱烘干，成散料装钵，并在高温电炉里进行预烧，最终获得合格预烧料。其工艺流程如图 7-13 所示。

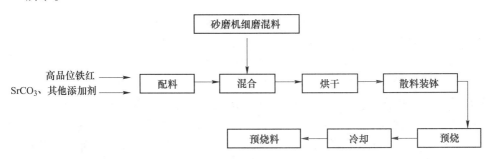

图 7-13　锶铁氧体预烧料制备工艺流程

### 7.2.7.2　硫酸渣生产氧化铁颜料

A　硫酸渣制备铁黄工艺

利用硫酸渣生产氧化铁颜料，主要是指铁黄（$Fe_2O_3 \cdot H_2O$）、铁红（$Fe_2O_3$）、铁黑（$Fe_3O_4$）等。以铁黄为例，传统的氧化铁黄生产一般采用废铁皮作为主要原料，由于硫酸渣中铁含量较高，可替代铁皮生产氧化铁黄颜料。

以硫酸渣为原料，采用机械活化硫铁矿还原法制备硫酸亚铁后，再以氨法制备优质铁黄，其硫酸渣的利用率可达 90% 以上，是一条经济可行的铁黄制备技术。

　　制备铁黄所用原料为硫精矿[$w(FeS_2)=98.15\%$]、硫酸渣[$w(Fe)=62.8\%$]、工业硫酸及工业氨水。

　　铁黄的原则制备工艺流程如图7-14所示。

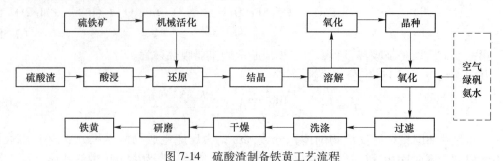

图7-14　硫酸渣制备铁黄工艺流程

**B　制备过程及主要影响因素**

　　（1）硫酸渣酸浸液的制取。在容积为10L的三颈瓶中加入6.5L质量分数为50%的硫酸溶液并搅拌，缓慢加入3kg硫酸渣，控制反应温度115℃，反应4h后采用循环水式真空泵过滤，得到含$Fe^{3+}$的硫酸渣酸浸液。其反应过程为：

$$Fe_3O_4 + 4H_2SO_4 =\!\!= FeSO_4 + Fe_2(SO_4)_3 + 4H_2O \tag{7-60}$$

$$Fe_2O_3 + 3H_2SO_4 =\!\!= Fe_2(SO_4)_3 + 3H_2O \tag{7-61}$$

$$FeO + H_2SO_4 =\!\!= FeSO_4 + H_2O \tag{7-62}$$

　　（2）硫酸亚铁的制备。取1kg质量分数为98.15%硫铁矿，放入周期式搅拌球磨机，球磨4h，得到机械活化硫铁矿。在上述酸浸液中，加入机械活化硫铁矿，当酸浸液组成为[$Fe^{3+}$]=2.130mol/L、[$Fe^{2+}$]=0.100mol/L、[$H^+$]=0.700mol/L，反应温度为80℃，液固比（酸浸液与机械活化硫铁矿质量之比）为100∶20时，反应90min，$Fe^{3+}$还原率达到99.05%，之后经过滤、冷却、结晶、过滤、离心机甩干、干燥烘干得到绿矾。在硫酸渣酸浸液中，机械活化硫铁矿发生如下反应：

$$FeS_2 + 2Fe^{3+} =\!\!= 3Fe^{2+} + 2S\downarrow \tag{7-63}$$

$$FeS_2 + 14Fe^{3+} + 8H_2O =\!\!= 15Fe^{2+} + 2SO_4^{2-} + 16H^+ \tag{7-64}$$

　　（3）铁黄晶种的合成。铁黄晶种的优劣是决定铁黄质量和颜色的重要因素。缺少铁黄晶种只能制备极稀薄而且颜色暗淡的色浆，不能形成所需要的颜料。在室温下将NaOH溶液加入$FeSO_4$溶液中，使用空气压缩机压入空气，氧化制备得到铁黄晶种。在晶种制备过程中，当绿矾质量分数为40%、碱比为0.25、空气流量为0.25m³/h、反应温度为29℃时，溶液pH值随时间变化范围极小。其规律是，空气流量小，制备晶种时间长；温度高，晶种制备时间短，但温度过高会严重影响晶种的活性和晶种质量。晶种制备过程溶液中发生如下反应：

$$FeSO_4 + 2NaOH =\!\!= Fe(OH)_2\downarrow + Na_2SO_4 \tag{7-65}$$

$$4Fe(OH)_2 + O_2 =\!\!= 4FeOOH + 2H_2O \tag{7-66}$$

$$Fe(OH)_2 =\!\!= Fe(OH)^+ + OH^- \tag{7-67}$$

　　NaOH溶液与$FeSO_4$溶液混合立即发生反应，生成墨绿沉淀，当鼓入空气后主要生成FeOOH晶种，同时消耗$OH^-$，而使溶液pH值降低。当反应3~4h后，在形成晶种同时，溶液 pH 值基本不变。整个反应约需 10~16h，反应溶液颜色变成土黄色，溶液 pH 值突降低至 4.5 左右时，即到达反应终点。此时铁黄晶种活性及质量最佳。研究表明，高品质铁黄晶种必须在酸性条件下才能形成，一般 pH 值控制在 4~5。

（4）铁黄的生成。将制得的合格晶种加入到溶液体积为 3L 的硫酸亚铁溶液中，同时滴加氨水和亚铁溶液，控制反应温度、溶液 pH 值、[Fe$^{2+}$]，通入空气进行二步氧化，直到铁黄色光接近标准样品。研究表明，当晶种比、反应温度和空气流量一定时，Fe$^{2+}$浓度和溶液 pH 值越高，反应时间越短铁黄色相越差；Fe$^{2+}$浓度越低，铁黄色光变化缓慢，色光难以达到要求；当 Fe$^{2+}$浓度为 0.25mol/L 时，延长氧化时间可得到色光纯正而鲜亮的铁黄产品。

对其所获得产品进行微观结构研究（见图 7-15）结果表明，铁黄产品为大小均匀的针形颗粒，长轴平均为 1.1152μm，短轴平均为 0.15μm。XRD 还同时证实，产品为 α-FeOOH，其性能优于国标（GB 1863—89）产品质量。

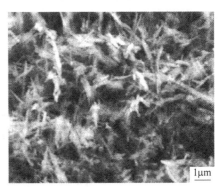

30000 倍      10000 倍

图 7-15　铁黄 SEM 图

## 7.2.8　粉煤灰

由于粉煤灰中 SiO$_2$ 和 Al$_2$O$_3$ 含量较高，可用于生产化工产品，如絮凝剂、分子筛、白炭黑、水玻璃、无水氯化铝、硫酸铝等。

### 7.2.8.1　粉煤灰絮凝剂

粉煤灰加助溶剂具有打开 Si—Al 键溶出铝的作用。目前，研究过的助溶剂包括牙膏皮、NH$_4$F 和 Na$_2$CO$_3$ 等。

（1）以牙膏皮为助溶剂制备粉煤灰絮凝剂。牙膏皮的主要成分为铝。牙膏皮溶于一定量 16%NaOH 溶液中先制成偏铝酸钠，再与酸浸粉煤灰复合制得复合混凝剂。

（2）以 NH$_4$F 为助溶剂制备粉煤灰絮凝剂。在粉煤灰中加入氟化物可有效提高铝、铁的溶出率，用 HCl（H$_2$SO$_4$）-NH$_4$F 浸提粉煤灰，氟离子与复盐铝玻璃体红柱石中的二氧化硅反应，产生氟硅化合物，使玻璃体破坏，加强 Al$_2$O$_3$ 的溶出效果。溶出的铝盐溶液经净化处理后，用 NaHCO$_3$ 中和生成 Al(OH)$_3$ 沉淀。在温热条件下与 AlCl$_3$ 溶液反应 2~3h，即得到盐基度达 85.3% 的聚合氯化铝。

（3）以 Na$_2$CO$_3$ 为助溶剂制备粉煤灰絮凝剂。粉煤灰中的二氧化硅和氯化铝及少量的氧化铁在高温下可与纯碱发生固相反应打开 Al—Si 键，生成可溶性硅酸盐和铝酸盐，从而提高粉煤灰中 Al、Si 的溶出率。在 950℃下，使粉煤灰和硫铁矿烧渣在焙烧炉内分别与纯碱反应生成复合固态焙烧产物（初级产品），再将其溶于酸生成活性硅酸、铝盐和铁盐复合物，陈化后即成聚硅酸氯化铝铁（PSARFC）絮凝剂，焙烧产物还可根据不同需要制成其他形式的聚硅酸金属盐絮凝剂。

### 7.2.8.2　粉煤灰制取白炭黑

白炭黑是一种化学式为 $SiO_2 \cdot nH_2O$ 的无机球型填料，密度为 $2.05g/cm^3$，熔点为 1300℃，粒径为 $0.001 \sim 2\mu m$，白色，莫氏硬度 $5 \sim 6$，耐酸性好，耐碱性差，pH 值 $6 \sim 8$，介电常数 9。白炭黑具有较大的比表面积，有较高的机械强度和伸缩率，一般情况下它的性质比较稳定，也不是危险品，但为了保证其纯洁性，仍要将其妥善包装，以防污染，适宜用于涂料和油漆工业。

粉煤灰制取白炭黑的工艺分两步进行：酸浸制取水玻璃和水玻璃盐析制备白炭黑。

（1）酸浸制取水玻璃。粉煤灰中 $Al_2O_3$ 和 $SiO_2$ 主要以富铝玻璃体 $3Al_2O_3 \cdot SiO_2$（红柱石）形式存在，而不是以活性 $Al_2O_3$ 形式存在，因此，为了加快铝的酸浸效果，加入 $NH_4F$ 助溶剂。酸浸反应式为：

$$NH_4F + HCl =\!=\!= HF + NH_4Cl \tag{7-68}$$

$$6HCl + 粉煤灰中 Al_2O_3 =\!=\!= 2Al_2Cl_3 + 3H_2O \tag{7-69}$$

$$4HF + 粉煤灰中 SiO_2 =\!=\!= SiF_4\uparrow + 2H_2O \tag{7-70}$$

$$SiF_4 + 2HF =\!=\!= H_2SiF_6 \tag{7-71}$$

$$H_2SiF_6 =\!=\!= 2H^+ + [SiF_6]^{2-} \tag{7-72}$$

当 $Al_2O_3$ 被酸浸出后，残渣中残留的主要是没有酸溶的 $SiO_2$。残渣经过滤、水洗后用 NaOH 溶液加热碱解，使残渣中 $SiO_2$ 与 NaOH 反应生成水玻璃：

$$SiO_2 + 2NaOH \xrightarrow{\triangle} Na_2SiO_3 + H_2O \tag{7-73}$$

（2）活性白炭黑制备。将水玻璃进行酸化处理即能得到白炭黑。活性白炭黑是水玻璃经盐酸处理后得到的产物。盐析时，各种原料的配比（质量分数）为：水玻璃（模数 $2.1 \sim 2.4$）：工业盐酸（30%）：食盐（精盐）=（$40 \sim 50$）：（$10 \sim 20$）：（$1.5 \sim 2.0$）。水玻璃加盐酸后，在 NaCl 溶液中沉析，得到活性白炭黑，反应式为：

$$Na_2SiO_3 + 2HCl =\!=\!= H_2SiO_3\downarrow + 2NaCl \tag{7-74}$$

$$H_2SiO_3 + (n-1)H_2O =\!=\!= SiO_2 \cdot nH_2O（活性白炭黑） \tag{7-75}$$

（3）沉淀白炭黑。沉淀白炭黑是水玻璃经硫酸处理后得到的产物。酸加水玻璃会发生凝胶化反应。反应经历两个阶段，先缩合成溶胶，然后溶胶中的胶团进一步以硅氧键或氢键结合在一起成为葡萄状的二次粒子胶粒，这是所谓的胶粒凝结阶段，由溶胶变为凝胶。反应式为：

$$Na_2SiO_3 + H_2SO_4 =\!=\!= Na_2SO_4 + H_2SiO_3\downarrow \tag{7-76}$$

$$H_2SiO_3 + (n-1)H_2O =\!=\!= SiO_2 \cdot nH_2O（沉淀白炭黑） \tag{7-77}$$

### 7.2.8.3　粉煤灰用于制备吸附材料

利用粉煤灰作为吸附材料可用于废水的处理，如造纸、电镀等各行各业工业废水和有害废气的净化、脱色、吸附重金属离子以及航天航空火箭燃料剂的废水处理等。粉煤灰作为吸附材料参见第 5 章。

### 7.2.9 煤矸石

目前，我国对煤矸石的利用并没有局限在回收能源物质和生产建筑材料等方面，同时也生产出多种高附加值化工产品，已应用于造纸、塑料、橡胶、电缆、石化和轻工等行业。从煤矸石中生产的化工产品包括结晶氯化铝、硅酸钠、分子筛等。

#### 7.2.9.1 回收硫铁矿和生产硫酸铵

硫含量可以决定煤矸石中硫是否具有回收价值，还可决定煤矸石的工业利用范围。对于硫含量大于5%的煤矸石，如果其中的硫是以硫铁矿的形式存在，且呈结核状或团块状，则可采用洗选的方法回收其中的硫铁矿，粗选设备主要是跳汰机等。煤矸石中的硫铁矿在高温下生成二氧化硫，再氧化成三氧化硫，三氧化硫遇水生成硫酸，并与氨的化合物生成硫酸铵。用煤矸石生产硫酸铵的生产工艺包括焙烧、选料和粉碎（-25mm）、浸泡和过滤（料水比为2:1，浸泡时间4~8h，澄清时间5~10h）、中和、浓缩结晶、干燥包装和成品。

#### 7.2.9.2 生产结晶氯化铝

以煤矸石和盐酸为主要原料，经过破碎、焙烧、磨碎、酸浸、沉淀、浓缩和脱水等生产工艺而制成结晶氯化铝。结晶氯化铝分子式为 $AlCl_3 \cdot 6H_2O$，外观为浅黄色结晶颗粒，易溶于水，是一种新型净水剂，能吸附水中的铁、氟、重金属、泥沙、油脂等。提取结晶氯化铝的煤矸石要求含铝量较高，含铁量较低。

需要注意的是：煤矸石所含铝主要是以高岭石形态存在，在常温下，高岭石对酸和碱是稳定的，但加热到 $700℃ \pm 50℃$ 温度，由于失去结晶水，并形成具有很大活性的 $\gamma\text{-}Al_2O_3$，易为酸浸取。

#### 7.2.9.3 生产氧化铝/氢氧化铝

煤矸石中富含氧化铝，用煤矸石生产氧化铝一般采用酸析法，即利用硫酸和硫酸铵等的混合溶液溶出矿物，并利用铵明矾极易除杂质的特点除去铁、镁、钾、钠等杂质，可以获得纯净的氧化铝。氧化铝是一种不溶于水的白色粉末，是电解铝的基本原料，具有耐高温、耐腐蚀和耐磨损等优点。

煤矸石和石灰石按一定比例配料并混合磨至-0.053mm，然后适当加水混炼并压制成块烧结，温度为 1000~1050℃。烧结物料粉碎至-0.053mm 后，用 $Na_2CO_3$ 溶液浸取，固液分离获得 $Na_2O \cdot Al_2O_3$ 溶液和残渣，残渣适当干燥后直接经高温煅烧成硅酸盐水泥，而 $Na_2O \cdot Al_2O_3$ 溶液经去杂和碳化分解即生成氢氧化铝的沉淀，煅烧后即获得氧化铝产品，生产工艺过程产生的 $CO_2$ 和 $Na_2CO_3$ 废液都被循环利用，整个过程是一个封闭系统。

#### 7.2.9.4 生产硅酸钠与白炭黑

利用自燃煤矸石或沸腾炉渣生产硫酸铝、氯化铝等铝盐过程中，会产生大量残渣，其中含有大量的无定形二氧化硅，同时还含有其他一些杂质，如硫酸钙、硫酸镁等，对残渣原料进行预处理，煅烧（1100~1350℃）、浸溶、浓缩，即可制得硅酸钠。硅酸钠广泛应用于胶合、肥皂填充、造纸、漂染、涂料、洗衣粉生产等方面，是一种广泛的化工原料。

将硅酸钠与稀盐酸进一步作用，即可得到轻质二氧化硅即白炭黑。

反应原理为：

$$NaSiO_3 + 2HCl \xrightarrow{\quad\quad} H_2SiO_3 + 2NaCl \tag{7-78}$$

$$H_2SiO_3 \xrightarrow{\quad\quad} SiO_2 + H_2O \tag{7-79}$$

白炭黑生产工艺流程如图 7-16 所示。

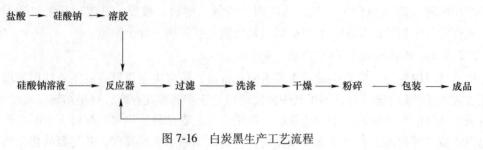

图 7-16　白炭黑生产工艺流程

### 7.2.9.5　制备沸石分子筛

分子筛是用碱、氢氧化钠、硅酸钠等人工合成的一种泡沸石晶体。沸石是一族具有框架结构的含水铝硅酸盐矿物类的总称，它具有三维聚阴离子结构，这一结构由 $SiO_4$ 和 $AlO_4$ 四面体通过氧原子链构成，其小孔中的水和阳离子来平衡框架中的负电荷。当加热到一定温度时，水被脱去而形成大大小小的孔洞，它具有很强的吸附能力，能把小于孔洞的分子吸进孔内，把大于孔洞的分子挡在孔外。由于沸石具有筛选分子的效应，故称之为分子筛。

用于制备分子筛的煤矸石，应以高岭石为主要成分，$Al_2O_3$ 含量高些较佳。以煤矸石中的煤系高岭石为原料，采用低温水热合成法可生产 A 型沸石。通过调整铝硅比可进一步合成出 X 型沸石、Y 型沸石。

铝硅酸钠分子式为 $Na_{12}[Al_{12}Si_{12}O_{48}] \cdot 27H_2O$，是 0.4mm 孔径分子筛的一种，其结构类似于氯化晶体结构。由于它具有 0.4mm 大小的有效孔径，结构中存在强电场，对金属离子、气、液分子具有高选择吸附性，广泛应用于化学工业的催化、吸附和分离等方面。

利用煤矸石还可开发赛隆材料。赛隆材料在工业生产中是做切削金属的刀具，其优良的耐热冲击性、耐高温性和良好的电绝缘性等使赛隆材料适合做焊接工具，其耐磨性又适合制作车辆底盘上的定位销。用赛隆材料制作汽车燃料针型阀和铤柱的填片，经过 60000km 运行，铤柱的磨损小于 0.75μm。

### 7.2.10　钢渣脱磷

钢渣不论返回钢铁流程还是用于人工湿地基质等环保方面等，均涉及钢渣脱磷的问题。钢渣脱磷主要以湿法为主。

钢渣脱磷的机理包括钢渣对磷的吸附以及生成 Ca-P 沉淀，不管何种机理占优势，钢渣自身的性质都会起到重要的作用，不同钢厂由于炼钢工艺的差异，生产出的钢渣的大小、化学成分、矿物成分都有较大差异，钢渣在破碎和研磨的过程中，原本包含在钢渣内部的金属氧化物（氢氧化物）及硅氧化物暴露出来，一方面提高了钢渣的比表面积，一方面使得易水解矿物成分更易在水中溶出金属离子，从而提高钢渣对磷的吸附能力和溶出钙离子能力，从而提高钢渣的脱磷能力。

# 7.3 有机化工用无机非金属资源

## 7.3.1 赤泥

### 7.3.1.1 用于塑料填充剂

近年来随着塑料加工和表面处理剂的不断改进，赤泥在塑料行业的应用再次成为热点。

赤泥具有与多种塑料共混改性的性能，可作为一种良好的塑料改性填充剂，是塑料制品优良的补强剂和热稳定剂，在与其他常用的稳定剂并用时，具有协调效应，使填充后的塑料制品具有优良的抗老化性能，可延长制品寿命 2~3 倍，并可生产赤泥/塑料阻燃膜和新型塑料建材。

另外，赤泥微粉是一种优良的复合矿物质填充剂，可用于塑料工业取代常用的重钙、轻钙、滑石粉和部分添加剂，所得塑料产品的质量符合材料技术规范，且具有优良的耐候性和抗老化性能。

### 7.3.1.2 用于制备聚氯乙烯材料

赤泥聚氯乙烯材料（简称赤泥 PVC）是近年来发展起来的一种新型高分子材料，其特点是利用氧化铝厂的赤泥废渣填充 PVC 树脂而成。以再生的废 PVC、预处理的赤泥和经过滤的废机油为主要原料，生产赤泥塑料制品，既保护了环境，又节省了资源，且性能优于一般 PVC 材料。

## 7.3.2 电石渣

### 7.3.2.1 用作防水涂料的主要填料

先用表面处理剂对电石渣去味、改性，将其变成一种疏水材料，再以改性电石渣为主要填料，加入一定的成膜物质和颜料，可以制备成防水性能良好的涂料，而且对纸张、水泥、铁管等的附着力较强。

### 7.3.2.2 用于制备环氧丙烷、环氧乙烷、氯仿

环氧丙烷是一种重要的化工原料，以丙烯、氧气和熟石灰为原料的氯醇化法生产环氧丙烷工艺过程中需要大量的熟石灰。由于电石渣中 $Ca(OH)_2$ 的质量分数高达 90% 以上，而熟石灰中 $Ca(OH)_2$ 的平均质量分数仅为 65%，因此采用电石渣不仅使环氧丙烷的生产成本下降，而且其中未反应的固体杂质处理量比用熟石灰要少得多。利用电石渣生产环氧丙烷，不仅充分利用电石渣资源，实现了变废为宝，化害为利，而且生产的环氧丙烷质量稳定，符合标准。

氯醇法生产环氧乙烷过程中，电石渣的作用与在生产环氧丙烷中的作用一样。

氯油法制备氯仿的生产中以乙醛为原料，经氯化得到氯油后与含 12% $Ca(OH)_2$ 的石灰乳碱解生成粗氯仿，经水洗、沉降、粗馏得三氯甲烷（氯仿）成品。在生产过程中，可用处理过的电石渣浆替代石灰乳。

### 7.3.3 硼泥用于生产橡塑填充剂

硼泥可以用于生产橡塑填充剂，其工艺流程如图 7-17 所示。将经过水洗过程的硼泥排入硼泥池，经过一段时间自然淤积后使含水量在 30% 以下，再将它经过自然风干，使水分下降至 10% 以下。再送至滚筒干燥器使水分降低至 1% 以下，然后用提升机将其输送到粉碎机中研磨、风洗，最终得到产品。

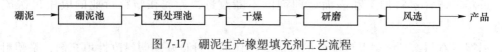

图 7-17　硼泥生产橡塑填充剂工艺流程

### 7.3.4 煤矸石用于生产工业填料

工业填料是指在橡胶、塑料、涂料和建筑防水等有机高分子化合物制品工业中用作填充或改性材料使用的粉料。

煤矸石作为生产填料的原料，要求其含铁量要低，以便加工成浅色填料，使其在有机制品中的应用面广泛；要求其有较高的发热量，以便于加工灵活，节约能耗；要求其成分稳定。综合考虑，洗矸适宜用来生产各种要求的工业填料，用洗矸生产填料，除用它的发热量，还将它的无机成分全部用作填料的成分。在生产填料过程中，为了保证矸石成分的稳定性，要坚持长期取样，化验分析，必要时适当配料。

———— 本 章 小 结 ————

本章介绍了化学工业的基本概念、种类及地位，详细论述了无机非金属二次资源在无机化工提取有价组分及制备材料方面的机理，并讨论了几种二次资源在有机化工制备材料方面的应用。

7-1 谈谈对化学工业的认识。

7-2 无机非金属资源在化学工业方面的应用有哪些？并举例详细介绍。

## 参 考 文 献

[1] 张一敏. 二次资源综合利用 [M]. 长沙：中南大学出版社，2010.

[2] 张佶. 矿产资源综合利用 [M]. 北京：冶金工业出版社，2013.

[3] 张朝晖，李林波，韦武强，等. 冶金资源综合利用 [M]. 北京：冶金工业出版社，2011.

[4] 李光强，朱诚意. 钢铁冶金的环保与节能 [M]. 北京：冶金工业出版社，2006.

[5] 郭培民，赵沛. 冶金资源高效利用 [M]. 北京：冶金工业出版社，2012.

[6] 孟繁明. 复合矿与二次资源综合利用 [M]. 北京：冶金工业出版社，2013.

[7] 邓寅生. 煤炭固体废物利用与处置 [M]. 北京：中国环境科学出版社，2008.

[8] 竹涛，舒新前. 矿山固体废物综合利用技术 [M]. 北京：化学工业出版社，2012.

[9] 王罗春，赵由才. 建筑垃圾处理与资源化 [M]. 北京：化学工业出版社，2004.

[10] 郭远臣，王雪. 建筑垃圾资源化与再生混凝土 [M]. 南京：东南大学出版社，2015.

[11] 欧洲共同体联合研究中心. 水泥工业 [M]. 北京：化学工业出版社，2014.

[12] 刘慧敏. 水泥生产技术基础 [M]. 北京：化学工业出版社，2012.

[13] 许荣辉. 简明水泥工艺学 [M]. 北京：化学工业出版社，2013.

[14] 詹健雄，唐明晰. 水泥生产基本知识 [M]. 武汉：武汉工业大学出版社，1990.

[15] 张云洪. 生产质量控制 [M]. 武汉：武汉工业大学出版社，2002.

[16] 余丽武，陈春副. 建筑材料 [M]. 南京：东南大学出版社，2013.

[17] 王立久. 建筑材料学 [M]. 北京：中国水利水电出版社，2013.

[18] 黄汉江. 建筑经济大辞典 [M]. 上海：上海社会科学院出版社，1990.

[19] Sidey Mindess. Concrete [M]. New York：Pearson Education，Inc.，2005.

[20] 冯乃谦. 新实用混凝土大全 [M]. 北京：科学出版社，2005.

[21] 李鸿业，陈希廉. 矿山地质通论 [M]. 北京：冶金工业出版社，1980.

[22] 关连珠. 普通土壤学 [M]. 北京：中国农业大学出版社，2007.

[23] 龚振平. 土壤学与农作学 [M]. 北京：中国水利水电出版社，2009.

[24] 熊顺贵. 基础土壤学 [M]. 北京：中国农业大学出版社，2001.

[25] 孙向阳. 土壤学 [M]. 北京：中国林业出版社，2005.

[26] 刘春生. 土壤肥料学 [M]. 北京：中国农业大学出版社，2006.

[27] 奚振邦. 现代化学肥料学 [M]. 北京：中国农业大学出版社，2008.

[28] 谢德体. 土壤肥料学 [M]. 北京：中国林业出版社，2004.

[29] 陆欣. 土壤肥料学 [M]. 北京：中国农业大学出版社，2002.

[30] 徐晓虹. 材料概论 [M]. 北京：高等教育出版社，2006.

[31] 安俊杰. 冶金概论 [M]. 北京：中国工人出版社，2005.

[32] 杨绍利. 冶金概论 [M]. 北京：冶金工业出版社，2008.

[33] 薛正良. 钢铁冶金概论 [M]. 2 版. 北京：冶金工业出版社，2016.

[34] 华一新. 有色冶金概论 [M]. 北京：冶金工业出版社，2014.

[35] 杜长坤，高绪东，高逸锋，等. 冶金工程概论 [M]. 北京：冶金工业出版社，2012.

[36] 吴志泉，涂晋林. 工业化学 [M]. 上海：华东化工学院出版社，1991.

[37] 李稳宏. 工业化学 [M]. 西安：西北大学出版社，1992.